UWE FRIEDRICH

DAS TEAMKONZEPT

UWE FRIEDRICH

DAS TEAMKONZEPT

Die vier Säulen der Hundeerziehung

Müller Rüschlikon

Einbandgestaltung: Dos Luis Santos
Titelbild: Thomas Blank, www.thomasblankfotografie.com

Bildnachweis: Johanna Esser: S. 19, 21, 22, 24, 43, 67, 81, 108, 109, 125, 140, 154, 155, 157, 170, 186
Alle übrigen Fotos wurden von Thomas Blank erstellt.

ISBN 978-3-275-01730-0

Postfach 103743, 70032 Stuttgart
Ein Unternehmen der Paul Pietsch Verlage GmbH & Co. KG
Lizenznehmer der Bucheli Verlags AG, Baarerstr. 43, CH-6304 Zug
1. Auflage 2010

Sie finden uns im Internet unter www.mueller-rueschlikon-verlag.de

Text: Johanna Esser
Lektorat: Claudia König
Innengestaltung: grafik + design Erlewein, Stuttgart-Freiberg
Druck und Bindung: Conzella, 85609 Aschheim-Dornach
Printed in Germany

Inhaltsverzeichnis

VORWORT

HUNDEERZIEHUNG IST BEZIEHUNGSARBEIT – individuell und sehr persönlich. Die Qualität einer Mensch-Hund-Beziehung definiert sich in jedem Moment des Zusammenlebens. Die Harmonie innerhalb eines Teams wird durch das gegenseitige Verständnis, das Einhalten festgelegter Regeln und das gemeinsame Handeln gefestigt. Verantwortungsvolle Hundebesitzer ebnen den Weg zu einer harmonischen Beziehung, indem sie sich informieren und sich das nötige Wissen rund um den Hund aneignen. Sie bringen ihre eigene Persönlichkeit in die Gemeinschaft ein, ohne dabei diejenige des Hundes zu vernachlässigen und können dadurch unerwünschten Verhaltensweisen ihres vierbeinigen Partners vorbeugen. Hundehalter, die Hilfe beanspruchen, dürfen sich auf einen Trainer verlassen, der selbstverständlich über ein breites Fachwissen und viel praktische Erfahrung im Umgang mit Hunden und Menschen verfügt. Dieser Experte besitzt aber auch das nötige Einfühlungsvermögen und die Spontanität, sich sofort, offen und urteilsfrei auf ein Team einzulassen. Der gute Hundetrainer weiß, was es braucht, um eine positive Lernsituation zu schaffen, in welcher sich nicht nur der Hund, sondern auch der Mensch wohl fühlen kann. Er nimmt die Bedürfnisse seiner Kursteilnehmer ernst und ist in der Lage, offene Fragen individuell zu beantworten. Das Ziel jedes Hundetrainers muss es sein, den Hundehalter im Umgang mit seinem eigenen Hund zu stärken und ihm Wege aufzuzeigen, wie er sich selber helfen und das Training optimal gestalten kann.

UWE FRIEDRICH besitzt diese Fähigkeiten und er setzt sie mit viel Engagement zum Wohle seiner Schüler ein. Seine Lerntheorie basiert auf vier Säulen, welche die Erziehung des Hundes definieren und das Zusammenleben mit dem Hund in jedem Moment umschreiben.

Hundeerziehung findet nicht nur während einer Stunde pro Woche auf dem Hundeplatz statt! Vielmehr kommunizieren wir in jedem Augenblick mit unserem Hund, manchmal bewusst, meist aber unbewusst. Hunde sind begnadete Beobachter. Sie lesen und verstehen unsere Körpersprache genau und orientieren sich an unseren Stimmungen. Wenn auch wir Menschen uns darauf einlassen, ihre Körpersprache zu deuten, ihre Motivationen zu verstehen und unseren Umgang mit ihnen zu hinterfragen, ist ein wesentlicher Schritt in der Hundeerziehung vollzogen. »Das Teamkonzept« von Uwe Friedrich zeigt, worauf es dabei ankommt.

In Zusammenarbeit mit der Journalistin Johanna Esser hat Uwe Friedrich ein Buch geschaffen, das dem Leser wertvolle Lerninhalte vermittelt und den Weg zu einer harmonischen Mensch-Hund-Beziehung klar aufzeigt. Mit Fallbeispielen aus dem Alltag des Hundetrainers werden die theoretischen Grundlagen untermauert. Theorie und Praxis machen »Das Teamkonzept« zu einem wertvollen Ratgeber für jeden Hundefreund.

Ich wünsche Ihnen bei der Lektüre dieses informativen und unterhaltsamen Buches viel Vergnügen.

Kitty Simione

AkteHund – Fachzeitung im Bereich der Hundeerziehung

LIEBE HUNDEFREUNDE,

es war mir ein großes persönliches Anliegen einen Praxisratgeber für interessierte und engagierte Hundehalter zu schreiben, damit diese sich mit der Erziehung ihres Hundes hundgerecht auseinandersetzen können.

In meinem Unterricht ist es mir immer besonders wichtig, dass Sie als Hundehalter nicht einfach nur etwas ausführen, weil ich es als Trainer so vorgebe, sondern dass Sie verstehen und wissen, warum ich diese Dinge mit Ihnen gemeinsam durchführe und was genau ich damit erreichen möchte. Genauso ging es mir beim Schreiben dieses Buches – mir ist es wichtig, dass Sie keine dogmatische Anleitung vor sich liegen haben, sondern ein Buch, das zum Nachdenken, zum Hinterfragen und zum Diskutieren anregen sollte und Ihnen dabei trotzdem einen Leitfaden an die Hand gibt, mit dem Sie eine Orientierung bekommen, wie Sie wichtige Ziele mit Ihrem Hund erreichen können.

Mein Anspruch an einen guten Hundetrainer ist, dass er sich auf das betreffende Mensch-Hund-Team einstellen kann und einen Weg findet, diese zwei Individuen zu einem Team zusammenzuführen. Wenn sich ein Hundetrainer dabei einzig und allein auf eine bestimmte Philosophie festlegt, reduziert er sich damit automatisch auf eine bestimmte Anzahl von Möglichkeiten. Ein großes Reservoir an Möglichkeiten, um jedes Mensch-Hund-Team ganz individuell betreuen und beraten zu können, ist meiner Meinung nach daher unerlässlich. Diese Individualität ist in einem Buch nur begrenzt vermittelbar, aber ich möchte auch hier versuchen, Ihnen nahe zu bringen, dass Motivation oder die Größe eines Lernschrittes ganz individuell auf Ihren Hund und auf Sie abgestimmt werden müssen.

Wenn Sie sich an anderen Hundehaltern und deren Hunden orientieren, dann versuchen Sie im nächsten Schritt zu übertragen, ob diese Art auch auf Sie und Ihren Hund passt. Es ist wichtig, dass Sie einen Weg finden, bei dem Sie merken, dass Ihr Hund ganz bei der Sache ist und bei dem auch Sie sich wohlfühlen. Erziehen Sie Ihren Hund mit großer Freude und setzen Sie lieber einmal einen Verstärker wie Futter oder Spielzeug zu viel ein. Aber vergessen Sie dabei nicht, dass es Grenzen gibt, die Ihr Hund nicht überschreiten sollte.

Meine Ansprüche an einen gut erzogenen Hund sind, dass er die Spielregeln des Alltags kennt und sich an diese hält, damit er Sie in vielen Alltagssituationen begleiten kann und darf. Sicher gibt es auch Situationen, bei denen sich die meisten Hunde zuhause wohler fühlen als auf einem Straßenfest oder ähnlichem. Mein Ziel ist aber auf jeden Fall, dass Ihr Hund möglichst viel an Ihrem Alltag teilnehmen kann.

Viel Freude mit Ihrem Hund!

Ihr

TEAMCANIN

2 | ÜBER UWE FRIEDRICH

LIEBE UND BEGEISTERUNG für Hunde durchziehen mein ganzes Leben. Bereits als Kind ging es nicht ohne Hund, heute geht es noch viel weniger. Meine erste Profi-Karriere hatte jedoch nichts mit Hunden zu tun – Fußball hieß meine Leidenschaft. Als Torwart bei den Stuttgarter Kickers sah ich meine Zukunft auf dem Fußballplatz als gesichert an. Mit neunzehn Jahren musste ich diesen Traum aufgrund einer folgenschweren Verletzung jedoch leider begraben. Beruflich landete ich auf Umwegen schließlich bei der Polizei, Trost fand ich bei meinen Hunden. Ein tauber Hovawart namens Flori war mein erster eigener Hund und bereits eine richtige Herausforderung. Durch ihn und seine Taubheit lernte ich, wie wichtig Körpersprache in der Kommunikation mit Hunden ist. Vicky, eine dreijährige Deutsche Schäferhündin, holte ich als fünfter Besitzer aus dem Tierheim und bildete sie innerhalb eines Jahres zu meinem Diensthund bei der Polizei aus. Und auch der »Kleine Mann«, mein Malinois-Rüde, wurde später als Diensthund in Stuttgart mit mir »berufstätig«.

Als Diensthundeführer arbeitete ich zunächst viele Jahre bei der Polizeibehörde Stuttgart, merkte aber bald, dass ich meine persönliche Erfüllung in dieser Arbeit nicht finden würde. Seit meinem siebzehnten Lebensjahr besserte ich mein Taschengeld damit auf, dass ich Menschen mit Rat und Tat bei der Hundeerziehung zur Seite stand, weil ich fühlte, dass diese Arbeit genau das war, was ich mir für mein restliches Berufsleben wünschte. So kam es, dass ich den Dienst bei der Polizei quittierte und 1999 in Stuttgart meine erste eigene Hundeschule gründete. 2008 fand ich nach langer Suche dann das ideale

Gelände für meine weiteren Pläne in Löffingen im Hochschwarzwald. Im »Tanneneck« entstand das Hundezentrum TEAM**CANIN**, in dem Hundehalter seither verschiedene Aus- und Weiterbildungsangebote für sich und ihre Hunde nutzen, oder einfach nur entspannt Urlaub machen können.

Subtile Signale genügen später, damit Ihr Hund Sie versteht.

Meine ganz persönliche Leidenschaft ist die Auslastung von Hunden durch Nasenarbeit. Unter anderem bilde ich Familienhunde zu Lungenkrebsdiagnostikern für die Lungenkrebs-Früherkennung in Zusammenarbeit mit Fachärzten und Kliniken aus und habe umfangreiche Erfahrung in der Ausbildung von Schimmelsporen-, Sprengstoff- und Drogenspürhunden. Mein Hauptanliegen ist jedoch immer der Teamgedanke des Mensch-Hund-Teams, die Alltagstauglichkeit und eine harmonische, ausgeglichene Partnerschaft zwischen Mensch und Hund. Gemeinsam mit dem »Kleinen Mann«, der Schäferhündin »Bonnie«, dem Ex-Streuner »Dukkha« und meinem TEAM**CANIN,** lebe ich heute in Löffingen und betreibe dort mit viel Herzblut mein Hundezentrum.

Hundezentrum TEAM**CANIN**
www.teamcanin.com
kontakt@teamcanin.com

3 | ZU DIESEM BUCH

SIE HABEN DIESES BUCH vor sich liegen, weil Sie einen Hund haben und bei dessen Erziehung nicht nur nachmachen, sondern vielmehr aktiv mitdenken und handeln wollen. Mit diesem praxisorientierten Trainingsbuch möchte ich Ihnen zeigen, dass eine gut funktionierende Mensch-Hund-Beziehung weitaus mehr für Sie und Ihren Hund bereithält, als das Erlernen von »Sitz«, »Platz« und »Fuß«. Dabei geht es mir nicht so sehr darum, Ihnen ein starres Gerüst an Trainingmethoden aufzudrücken, oder Ihnen zu sagen, dass nur mein Weg der richtige ist.

Vielmehr möchte ich Sie in dem Gefühl zu Ihrem Hund bestärken und Ihnen ein konkretes Werkzeug an die Hand geben, damit Sie selbst in der Lage sind, die Erziehung Ihres Hundes zu bewältigen, und bei Problemen wissen, was zu tun ist.

Sie werden sowohl Grundlegendes über meine Art des Hundetrainings, als auch über einzelne Auslastungsmodelle erfahren – immer so vorgestellt und aufbereitet, dass Sie es auf jeden Fall umsetzen können.

Bei allen Übungen, Trainingsvorschlägen und Beschäftigungsmöglichkeiten ist es mir besonders wichtig, dass die Bedürfnisse Ihres Hundes berücksichtigt werden und dass Sie sich mit dem, was Sie tun, wohl fühlen. Finden Sie selbst heraus, was für Sie und Ihren Hund richtig ist, was Ihnen und Ihrem Hund gemeinsam Spaß macht und was nicht. Ihr Hund ist kein bloßer Befehlsempfänger, aber auch kein Demokrat. Sie werden nur dann eine funktionierende Beziehung zu Ihrem Hund aufbauen können, wenn Sie Ihre eigene Persönlichkeit in die Erziehung und in jegliches Tun mit einbeziehen.

Egal, was Sie nach dem Lesen dieses Buches anders machen, überdenken, übernehmen oder auch ablehnen. Sie werden feststellen, dass alles ineinandergreift und miteinander zusammenhängt. Eine gute Leinenorientierung ist letztendlich nur dann möglich, wenn Ihr Hund Sie auch in anderen Situationen als souveräne Führungspersönlichkeit wahrnimmt.

4 | GRUNDSÄTZLICHES

KÖRPERSPRACHE & KOMMUNIKATION

HUNDE KOMMUNIZIEREN in erster Linie nonverbal und setzen hierfür ihre Körpersprache ein. Menschen hingegen kommunizieren hauptsächlich verbal, weshalb es immer wieder zu Kommunikationsproblemen kommt.

Körpersprachlich teilen Hunde ihren Kommunikationspartnern äußerst differenziert mit, wie es ihnen gerade geht oder wie es um ihre Stimmungslage bestellt ist.

Hunde können über ihre Körpersprache drohen, sich unterwerfen, lachen, Sympathie oder auch Antipathie ausdrücken. Mithilfe ihrer Ohren, ihrer Rute, ihres Kopfes, ihres Fells, ihrer Lefzen, ihrer Gliedmaßen und dem Ausdruck ihrer Augen, sind Hunde in der Lage, vielfältige Informationen auszusenden. Die Kombinationsmöglichkeiten sind hierbei geradezu unendlich und niemals statisch.

Um Ihren Hund und seine Körpersprache zu verstehen, sollten Sie ihn häufig und genau beobachten. Die Körpersprache Ihres Hundes besteht aus vielen Einzelinformationen. Wichtig ist, dass Sie immer die Gesamtheit der Einzelmerkmale betrachten. Ein Einzelmerkmal kann in einem anderen Zusammenhang eine ganz andere Bedeutung haben. Wedelt Ihr Hund beispielsweise heftig mit der Rute, weil er sich über einen bekannten Menschen freut, so kann das heftige Wedeln in einer anderen Situation auch Unruhe und Angriffsbereitschaft signalisieren. Wichtig ist es also, immer die Gesamtheit der Einzelmerkmale und den Kontext der jeweiligen Situation zu betrachten. Pauschalurteile, wie »Wenn ein Hund mit der Rute wedelt, ist er immer freundlich«, sind falsch und mitunter auch gefährlich.

Hoch ritualisiert und daher vollkommen ungefährlich: Das differenzierte Spiel zweier gut miteinander bekannter Hunde mit extremem Zähneblecken und angedeuteter Vorderkörper-Tiefstellung.

Wenn Sie mit Ihrem Hund kommunizieren, sollten Sie unbedingt darauf achten, dass alle Signale, die Sie ihm geben, die gleiche Bedeutung haben. Wenn Sie beispielsweise mit freundlicher Stimme ein verbales Lob aussprechen, sollte auch Ihre Körpersprache einladend, entspannt und offen sein, nicht aber angespannt, steif und von Ihrem Hund abgewandt. Achten Sie beim Loben einmal darauf, wie Ihr Hund auf Sie reagiert. Begegnet er Ihrem Lob mit geduckter Körperhaltung, weicht er eventuell sogar mit abgeklappten Ohren zurück? Dann könnte es sein, dass Sie Ihren Hund zwar verbal mit freundlicher Stimme loben, ihn körpersprachlich aber bedrängen, indem Sie sich über ihn beugen, ihm heftig den Kopf tätscheln oder ihn vielleicht sogar umarmen. Solche körpersprachlichen Signale bedeuten für Ihren Hund kein Lob und vor allen Dingen verhalten Sie sich in seinen Augen nicht eindeutig – das ist wie nach oben buckeln und nach unten treten! Wenn Sie Ihren Hund also genau beobachten, bekommen Sie geradezu ein körpersprachliches Feedback, ob er Ihr Verhalten versteht.

Ihr Hund macht Ihnen mit seinem Verhalten deutlich, ob er Ihre Anweisungen und Ihre Körpersprache versteht, oder nicht.

MOTIVATION

Die Grundvoraussetzung, damit Sie mit Ihrem Hund etwas tun können, ist, dass Ihr Hund für die zu erlernende Aufgabe entsprechend motiviert ist. Nur wenn Ihr Hund genügend motiviert ist, verfügt er auch über eine ausreichende Konzentration und Aufmerksamkeit, um die vom ihm geforderte Aufgabe zu verstehen und auszuführen.

EGAL WELCHES AKTIVE VERHALTEN Sie Ihrem Hund also beibringen möchten, Motivation ist wichtig und darf niemals fehlen. Ihr Hund sollte generell an jeglichem Tun Freude haben, egal ob es die Kommunikation mit Ihnen, oder ein Abrufen ist. Motivation bedeutet dabei nicht nur einfach die Gabe eines Futterstücks, welches Ihr Hund zur Belohnung bekommt. Dazu gehören in erster Linie Ihre Mimik, Gestik und Ihre Körpersprache, die Ihren Hund zu seinem Tun motivieren. Wenn Sie es schaffen, Ihrem Hund Freude an der gemeinsamen Arbeit zu vermitteln, wird er in eine positive Grundstimmung geraten, die für alle Aktivitäten von großer Bedeutung ist. Denn es ist leicht nachzuvollziehen, dass ein positiv motivierter Hund neues Verhalten schneller und nachhaltiger lernen wird, als ein gestresster oder gar verängstigter. Bei allen Fragen der Motivation geht es immer in erster Linie um das gemeinsame soziale Erlebnis von Mensch und Hund, und nicht vordergründig um Verstärker wie Futter oder Spielzeug. Verstehen Sie mich bitte nicht falsch – diese Verstärker gehören dazu, aber das soziale Ereignis zwischen Mensch und Hund sollte immer an erster Stelle stehen. Sie als Hundebesitzer müssen es schaffen, dass Ihr Hund ganz wild darauf ist, etwas von Ihnen zu lernen. Zeitlebens sollten Sie als Sozialpartner es erreichen, für Ihren Hund spannend und interessant zu bleiben

Motivation ist der Antrieb, der für jedes neue Element wichtig ist, welches Ihr Hund lernen soll. Und selbst wenn Ihr Hund bereits etwas gelernt hat, darf die Motivation nicht wegfallen. Wenn er etwas bereits gut und zuverlässig kann, darf die Motivation zwar weniger werden, vollkommen verschwinden darf sie aber nicht.

Bei so viel Motivation kann es mit der zu erlernenden Aufgabe nur klappen – so macht Hundetraining Mensch und Hund Spaß!

Zwang

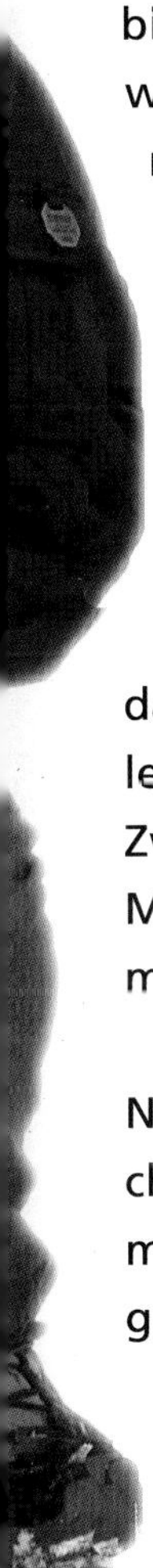

Zwang ist ein heikler und sehr dehnbarer Begriff. Es liegt im Naturell eines Hundes, Ressourcen gegenüber Artgenossen oder auch Menschen zu verteidigen, zu jagen, sich zu behaupten und die Zähne zu zeigen. Während der Ausbildung Ihres Hundes wird es immer wieder zu Situationen kommen, in denen Sie es sind, die eine »Ressource« verteidigen wollen bzw. einen Besitzanspruch deutlich machen. Denken Sie nur an ein Beutespiel mit Ihrem Hund. Wenn es um die Beute, respektive um ein Spielzeug geht, müssen Sie Ihrem Hund Grenzen aufzeigen und ihm deutlich machen, dass dieses Spielzeug Ihnen gehört. Allein das ist in meinen Augen bereits Zwang, da Sie Ihrem Hund in diesem Moment nicht erlauben, etwas zu nehmen, was er gerne hätte.

Natürlich sind längst nicht alle Bereiche des hündischen Sozialverhaltens mit üblichen Trainingssituationen vergleichbar. Es gibt viele alltägliche Situationen, die ich gerne mit meinem Hund teilen möchte, die aber voraussetzen, dass ich meinen Hund unter Umständen zwinge, etwas nicht zu tun.

Denken Sie nur einmal an Ihren täglichen Spaziergang. Dort begegnen Ihnen immer wieder verschiedene Menschen, schreiende Kinder, andere Hunde oder Hasen, Rehe und andere Tiere. Sie werden bei so viel Miteinander gar nicht darum herumkommen, Ihrem Hund etwas zu verbieten: Hasen und Rehe jagen soll er nicht, Menschen anspringen und Jogger jagen ist tabu, permanent zu jedem anderen Hund rennen ist verboten und alles fressen, was er so im Park findet, ist auch unerwünscht. Schließlich könnte die Frikadelle ja auch mal vergiftet sein. Genau aus diesen und weiteren Gründen, vermittle ich jedem Hund das unerlässliche Kommando »Tabu«. Das geht aber nur mit einer gewissen Form von Zwang. Wie dieser Zwang aussieht, ist von Hund zu Hund unterschiedlich.

In der Regel wende ich Zwang so an, wie ich es beim Aufbau des sicheren Rückrufs beschreiben werde. Ab dem Zeitpunkt, wo die Außenreize für Ihren Hund stärker werden, als Ihre Motivation, müssen Sie ihm mit korrigierenden Einwirkungen helfen, die begonnene Handlung erfolgreich abzuschließen (siehe z. B. »Tabu«, S. 135).

Darüber hinaus betrachte ich Zwang auch immer als eine korrigierende Einwirkung, um einem Hund zu vermitteln, dass er sein aktuelles Verhalten ändern oder unterlassen soll. Niemals setze ich Zwang als Strafe ein.

Denn das würde ja voraussetzen, dass er sein unerwünschtes Verhalten mit Absicht ausführt und er jetzt dafür geradestehen muss. So ist es aber nicht. Sie können Ihren Hund nur in der Zeit beeinflussen, in der das Lernen aktiv stattfindet. Wenn Ihr Hund beispielsweise gerade im Begriff ist, einen gam-

meligen Burger vom Boden zu fressen, Sie aber im gleichen Moment das »Nein« aussprechen und dieses akustische Signal mit einer aversiven Handlung verbinden, Ihren Hund also gleichzeitig in die Seite zwicken, dann ist das keine Strafe, sondern eine korrigierende Einwirkung. Wenn Sie sich diese Tatsache stets vor Augen halten, fällt es Ihnen zukünftig bestimmt leichter, Ihrem Hund gegenüber nicht ungerecht zu werden. Sie sind Lehrer, Ausbilder oder Erzieher und wollen Ihrem Hund etwas vermitteln. Dabei haben ein »dicker Hals« und unkontrollierte Gefühlsausbrüche nichts verloren.

Training versus Alltag

Die Gesamtheit fördern

In meinem gesamten Trainingsprogramm ist es mir besonders wichtig, dass Sie es in Ihren Alltag integrieren und Ihrem Hund dabei trotzdem systematisch und in einzelnen Lernschritten vermitteln können, was Sie später von ihm erwarten. Alles, was Sie Ihrem Hund neu beibringen, geschieht oft in eigens dafür konstruierten Übungen und hat mit dem Alltag nicht viel zu tun. Sie übernehmen dabei die Rolle eines Lehrers, Erziehers oder eines Ausbilders und Ihr Hund die Rolle des Azu-

bis, der noch gar nicht weiß, was Sie von ihm erwarten. Mir ist dieser Umstand besonders wichtig, denn er gibt Ihnen vor, dass Hundeausbildung nichts mit Lautstärke, Kraft und Machtgehabe zu tun hat, sondern mit einer klaren Positionierung Ihrer Person. Diese müssen Sie sich erarbeiten und Ihrem Hund in der Zusammenarbeit deutlich machen, dass Sie eine souveräne und zuverlässige Führungspersönlichkeit sind, die sinnvoll und verständlich vermitteln kann und klare Richtlinien im Zusammenleben vorgibt. Autorität hat viel mit Kompetenz, Souveränität, Fairness und Pflichtbewusstsein zu tun und nichts mit Gewalt und diktatorischem Gehabe.

Lehrer haben den schweren, aber auch wunderschönen Auftrag, Kinder auf die späteren Aufgaben im Leben vorzubereiten. Kein Mensch würde auf die Idee kommen, von einem zehnjährigen Kind die gleichen Aufgaben zu verlangen, wie von einem Erwachsenen. Es ist doch klar, dass wir Kinder altersgerecht

Ihr Hund merkt genau, dass Sie gerade nur für ihn da sind.

und je nach Begabung fördern möchten, damit sie auf ihr weiteres Leben gut vorbereitet sind. Und genau darum geht es mir auch in der Hundeerziehung.

Wir müssen unsere Hunde altersgerecht und dem entsprechenden Leistungsstand gemäß fördern und erziehen, damit sie nach Abschluss ihrer Erziehung den Alltag meistern und genießen können. Die Übungen, die Sie mit einem Hund durchführen, bis er überhaupt versteht, was Sie mit einem Hörzeichen oder einem Sichtzeichen meinen, werden ihm daher immer in einer entspannten Umgebung beigebracht, damit Sie sich mit Ihrer ganzen Konzentration und Aufmerksamkeit Ihrem Hund widmen können. Damit meine ich den Trainingsmodus: Ihr Hund merkt genau, dass Sie gerade nur für ihn da sind und das ist auch richtig so.

Machen Sie nicht den Fehler und gehen Sie davon aus, dass das, was Sie Ihrem Hund in einigen Wochen beigebracht haben, von ihm auch schon in jeder Situation umgesetzt werden kann. In Wirklichkeit kann Ihr »Schüler« oder »Azubi« diese Lerninhalte gerade mal in einem entspannten Umfeld umsetzen und auch nur dann, wenn Sie sich zu hundert Prozent auf ihn konzentrieren. Vergleichbar einem Schüler in der 4. Klasse, der die Grundzüge seiner Fächer beherrscht und jetzt auf die weiterführende Schule kommt, gestalten Sie nun die Erziehung weiter, in dem Sie den Schwierigkeitsgrad systematisch steigern – Sie beginnen also mit dem Verleitungstraining, das nach dem Schulklassensystem aufgebaut ist.

Verleitungstraining

Sobald Sie merken, dass Ihr Hund eine bestimmte Handlung in einem für ihn entspannten Lernumfeld freudig und sicher ausführt, können Sie sich an das Verleitungstraining wagen. Zunächst machen Sie es Ihrem Hund dafür in der Umgebung, in der Sie bisher trainiert haben, schwerer, indem Sie künstliche Reize hinzuführen. Wenn Ihr Rückruf beispielsweise ohne Ablenkung gut klappt, dann trainieren Sie zunächst an der gleichen Örtlichkeit und bitten befreundete Hundehalter mit Ihren Hunden, Ihr Trainingsfeld zu kreuzen, mit Bällen zu spielen oder Futter zu verteilen. Ihrer Fantasie möchte ich da keine Grenzen setzen, da Sie selbst am besten wissen, wovon Ihr Hund sich bestimmt ablenken lässt.

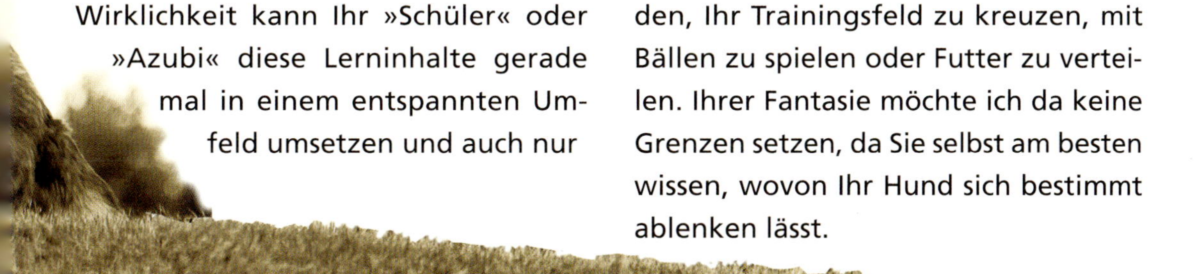

Diese künstlichen bzw. gestellten Verleitungen sollten jedoch nicht willkürlich geschehen, sondern die Schwierigkeiten werden dem Leistungsstand entsprechend gesteigert – vergleichbar wieder mit dem Schulklassensystem unserer Kinder. Einem Grundschüler würden Sie ja auch keine Aufgaben für die gymnasiale Oberstufe stellen. Die Steigerung der Verleitungen sollten Sie daher ganz individuell auf Ihren Hund abstimmen und wie es in der Schule üblich ist, bestimmte Schwierigkeitsgrade in Klassenstufen einordnen, damit Sie die Übersicht behalten und systematisch, quasi Schritt für Schritt, mit Ihrem Hund arbeiten können.

Steigern Sie den Schwierigkeitsgrad immer dann, wenn Sie merken, dass Ihr Hund eine Handlung wirklich gut kann und mit seiner Leistung über mehrere Trainingseinheiten konstant bleibt. Natürlich sind Fortschritte nicht allein durch solche künstlichen Reize zu erreichen. Wechseln Sie auch hier Trainingsorte, trainieren Sie zu unterschiedlichen Tageszeiten und werden Sie somit unvorhersehbar für Ihren Hund.

Künstliche Reize

Als künstliche Reize bezeichnet man alle Reize, die gezielt für das Training herbeigeführt werden. Dazu zählen:

***Geruchliche Reize**, wie z. B. Fleischbrühe, die den Vorteil hat, dass Ihr Hund sich nicht selbst belohnen kann (er kann die Fleischbrühe ja nicht fressen).*

***Optische Reize**, wie z. B. Spielzeug oder eine Hasenzugmaschine. Hierzu zählen alle Reize, die sich bewegen und dadurch für Ihren Hund interessant sind.*

***Akustische Reize**, wie z. B. Quietschespielzeug. Hier ist es besonders wichtig, dass Ihr Hund lernt, auf diese und ähnliche Geräusche nicht zu reagieren. Denken Sie immer daran, wie groß die Ähnlichkeit zu Kinderspielzeug ist und wie fatal es wäre, wenn Ihr Hund da etwas verwechseln würde.*

Quietschen Sie daher mit einem solchen Spielzeug herum, wenn Ihr Hund gerade mit etwas ganz anderem beschäftigt ist. Auf diese Art vermitteln Sie: Das ist ein Geräusch von vielen und kommt draußen eben vor.

Die kleine »Donna« spürt hier nicht, dass Sie von Hanna genau beobachtet wird.

Trainings- und Alltagsmodus

Nachdem Sie Ihren Hund bisher systematisch im Trainingsmodus ausgebildet und auch im Verleitungstraining schon einige Stufen erfolgreich absolviert haben, können Sie es Ihrem Hund jetzt in kleinen Schritten immer schwerer machen und immer häufiger in Alltagssituationen trainieren. Geben Sie Ihrem Hund beispielsweise das Gefühl, wenn Sie ihn ins »Platz« legen, dass Sie gar nicht auf ihn achten. In Wirklichkeit machen Sie das aber ganz genau, nur ist es eben im Alltag nicht immer machbar, dass Sie ständig auf Ihren Hund achten. Dieses Training unter Alltagsbedingungen, das Sie mit Ihrem Hund durchführen, nenne ich den »Alltagsmodus«. Denn hier wird er von Ihnen unter Alltagsbedingungen trainiert, wobei der Schwierigkeitsgrad auch hier nach dem Schulklassenprinzip ansteigt.

Ein gutes Beispiel, um den Unterschied zwischen Trainings- und Alltagsmodus zu verdeutlichen, ist die Formalie »Leinenorientierung«.

Mein Ziel bei der Leinenorientierung ist, dass mein Hund sich immer an mir orientiert und nicht an der Leine zieht. Dies ist aber für einen Hund, der noch in den Anfängen der Erziehung steht, eine große Überforderung. Deshalb benutze ich für die Leinenorientierung zwei Hilfsmittel: Halsband und Geschirr. Die Leinenorientierung vermittle ich in der Regel am Halsband. Nur ist die zu Beginn wie beschrieben in einem entsprechenden Umfeld möglich. Mein Hund würde also nach der Trainingssituation kennen lernen, dass er doch am Halsband ziehen kann. Deshalb leine ich meinen Hund in Situationen, in denen er an der Leine bleiben muss, aber mit der Leinenorientierung noch überfordert wäre, an das Geschirr um und signalisiere ihm, dass er sich entfernen darf.

Erst, wenn er im Trainingsmodus soweit ist, dass er trotz diverser Verleitungen schön an der Leine geht und ich ihn nicht mehr dauernd beachten muss (Alltagsmodus), kann ich diese Formalie auch im Alltag mit ihm durchführen.

Wenn sich Ihr Hund so an Ihnen orientiert, dann sind Sie fit für den Alltag

Hilfsmittel

Halsband versus Geschirr

Ich arbeite schon seit Jahren mit Geschirr und Halsband und führe die Hunde im Wechsel. Es ist mit vielen Hunden einfach nicht vermeidbar, dass sie ziehen und es ist unrealistisch, dass man als Hundebesitzer jeglichen Zug ignoriert. Durch den Wechsel von Halsband und Geschirr können Sie Ihrem Hund erlauben zu ziehen, wenn es sich noch nicht vermeiden lässt. Wichtig ist, dass Ihr Hund ausschließlich am Geschirr und darüber hinaus nur mit Ihrer Erlaubnis ziehen darf. Am Halsband hingegen, hat Ihr Hund sich nur an Ihnen zu orientieren. Merken Sie sich einfach: Am Halsband hat Ihr Hund Orientierungspflicht (Arbeitsmodus), am Geschirr kann er nach Ihrer Freigabe schnuppern, sein Geschäft verrichten oder einfach ein bisschen vor sich hin träumen (hat eher Freizeitcharakter). In weiteren Trainingsmodulen am Halsband können Sie dann eine dauerhafte Orientierung an der Leine erreichen.

Ein Grundsatz von mir ist, dass das Halsband bei kontrolliertem Vermitteln sensibler Signale mehr Möglichkeiten bietet, als das Brustgeschirr. Das Brustgeschirr ist perfekt für größere Distanzen (länger als 3 Meter). Das gemeinsame Tragen von beiden Hilfsmitteln ist meiner Meinung nach die perfekte Lösung. Wenn Sie glücklicher Welpenbesitzer sind, können Sie nach meiner Trainingsmethode lernen, dass Ihr kleiner Hund niemals Zug am Halsband erfahren muss.

Wichtig!

Halsbänder: *Benutzen Sie weiche und relativ breite Nylonhalsbänder, die tief am Hals straff anliegen, damit sie nicht verrutschen können. Zu dünne Halsbänder können den Kehlkopf und die Halswirbelsäule schädigen und unter Umständen sogar die Sauerstoffzufuhr zum Gehirn beeinträchtigen.*

Brustgeschirre: *Benutzen Sie Nylongeschirre, die mit einem breiten Brustgurt versehen sind, damit der Brustraum Ihres Hundes nicht gequetscht wird. Der Bauchgurt sollte ebenfalls breit sein und darf nicht im Schulterbereich scheuern, schmale Riemen sollten nicht vorhanden sein. Bei den Verschlüssen ist darauf zu achten, dass sie so konzipiert sind, dass sie nicht im Gelenksbereich drücken.*

Schleppleine

Die Schleppleine ist für mich ein sehr bedeutendes Hilfs- und Kontrollmittel. Wichtig ist, dass sie aus einem hochwertigen Material wie Nylon oder Biothane gefertigt ist, da sie in der Regel stark beansprucht wird. Befestigt wird die Schleppleine dabei meistens an einem Brustgeschirr, in Ausnahmefällen aber auch am Halsband. Ziel des Schleppleinentrainings ist es, den Spaziergang für Sie entspannt zu gestalten und zu verhindern, dass Ihr Hund sich durch eine kleine Hatz oder einfachen Ungehorsam selbst belohnt.

Im Training arbeite ich mit unterschiedlichen Längen. Als Grundregel gilt: Je unaufmerksamer oder kräftiger der Hund, desto kürzer ist die Schleppleine. In der Praxis bedeutet das, dass die Schleppleine zunächst lediglich zwei bis drei Meter lang sein sollte. Später kann der Bewegungsspielraum des Hundes dann auf fünf bis sieben und im weiteren Trainingsverlauf auf bis zu zehn Meter erweitert werden. Mithilfe der Schleppleine können Sie Ihren Hund jederzeit steuern und sein Verhalten zuverlässig beeinflussen.

Ich setze die Schleppleine in erster Linie bei Hunden ein, die Schwierigkeiten mit dem Zurückkommen haben oder bei jungen Hunden, die gar nicht erst lernen sollen, dass sie sich dem Rufen ihres Besitzers entziehen können. An der Schleppleine kann Ihrem Hund nichts passieren. Sie können sich daher entspannt der Arbeit mit ihm widmen und brauchen nicht zu befürchten, dass dieser sich plötzlich auf und davon macht. Außerdem können Sie vermehrt körpersprachlich agieren und müssen Ihren Hund nicht dauernd rufen. Auch brauchen Sie nicht zu befürchten, dass er an der Schleppleine keinen Spaß hat oder nicht ausreichend Bewegung bekommt: Bauen Sie immer wieder kleine Aufgaben in Ihren Spaziergang ein, lassen Sie Ihren Hund etwas suchen oder tollen Sie mit ihm herum. Wenn Sie Ihren Hund während des Spaziergangs sinnvoll beschäftigen, kommt garantiert keine Langeweile auf und Bewegung erhält Ihr Hund auch genug.

Wichtig!

Wickeln Sie sich die Schleppleine niemals um die Hand und führen Sie sie auch niemals hinter dem Körper. Schmerzhafte Schürfwunden, Prellungen oder sogar Knochenbrüche können die Folge sein, wenn Ihr Hund plötzlich losstürmt und Sie nicht mehr in der Lage sind, die Schleppleine loszulassen.

Hier kann ganz ungestört neues Verhalten aufgebaut werden.

Lernumfeld & Stimmung

Jede Handlung, die Sie Ihrem Hund beibringen, soll er verstehen und freudig ausführen. Daher ist das Lernumfeld bzw. die Lernatmosphäre zu Beginn eines Trainings besonders wichtig. Gerade wenn Ihr Hund noch sehr jung ist oder aber etwas Neues lernen soll, ist es sinnvoll, eine Umgebung zu wählen, in der sich Ihr Hund gut auf Sie konzentrieren kann. Welches das geeignete Umfeld ist, hängt ganz von Ihrem Hund ab. Wenn er sich z. B. von Ball spielenden Kindern ablenken lässt, muss das für den Hund Ihres Nachbarn noch lange nicht gelten.

Beobachten Sie daher Ihren Hund, bedenken Sie Alter, Rasse, Herkunft und seine individuelle Entwicklung, bevor Sie entscheiden, welches Lernumfeld das richtige ist. Im weiteren Trainingsverlauf ist es wichtig, dass das gewählte Lernumfeld sich immer an den Trainingsfortschritten Ihres Hundes orientiert. Je stabiler und zuverlässiger Ihr Hund die Trainingsinhalte umsetzt, desto abwechslungsreicher können Sie auch das Lernumfeld gestalten, welches Sie zu Trainingszwecken auswählen.

Auch Ihre innere Stimmung spielt beim Training eine bedeutende Rolle. Mit Stimmung ist dabei nicht nur Ihre gute oder schlechte Laune gemeint, sondern auch die positive bzw. negative Einstellung zum Training. Denken Sie immer daran, dass Sie während des gesamten Zusammenseins mit Ihrem Hund, fortwährend körpersprachliche Signale aussenden, auch wenn Sie sich dessen nicht immer bewusst sind oder damit keine bestimmte Absicht verfolgen.

Erst wenn Ihr Hund in jeder Situation zuverlässig ist, wird die Schleppleine losgelassen.

Andy strahlt so viel positive Stimmung aus, dass ihr spanischer Ex-Streuner Fiona davon regelrecht angesteckt wird.

Denken Sie daran besonders, wenn Sie Ihren Hund loben oder ihn tadeln. Für ein wirkliches Lob reicht es beispielsweise nicht aus, wenn Sie Ihren Hund lediglich über den Kopf streicheln und »Braver Hund« oder »Fein gemacht« sagen. Auch körpersprachlich müssen Sie es genau so meinen und ausdrücken. Ist Ihr Körper bei diesen Worten angespannt und steif, wird Ihr Hund Ihnen die »netten Worte« nicht glauben, da er sehr genau auf Gestik, Mimik und Körpersprache achtet. Andersherum hat ein geflötetes »Pfui, du Süßer« kaum eine Wirkung, wenn Sie gleichzeitig vor Wonne quietschen, weil Ihr Welpe unter den zerfetzten Sofakissen ja so niedlich aussieht.

Unerwünschtes An- und Hochspringen

Im Hundezentrum kommt es sehr häufig vor, dass Hundehalter sich über das An- bzw. Hochspringen Ihres Hundes ärgern. Nicht selten ist die Ursache für dieses unerwünschte Verhalten, in dem sehr inkonsequenten Verhalten des Hundehalters zu finden.

An manchen Tagen wird das Anspringen der Hundes von ihnen als süß und liebenswert gewertet und mit Knuddeln und Streicheln beantwortet – dies geschieht meist an Tagen, an denen der Mensch sehr entspannt und die Kleidung hundegerecht und leger ist. An anderen Tagen, meist an etwas hektischen, an denen die Kleidung nicht unbedingt auf ein wildes Spiel mit dem Hund abgestimmt wurde, stört diese Handlung auf einmal und der Mensch reagiert mit Fahrigkeit und Hektik, wird laut und verhält sich alles andere als souverän und deutlich, was aber dringend notwendig wäre.

Wie soll der Hund durch diese unterschiedliche Wertigkeit verstehen, welches Verhalten erwünscht ist und welches nicht? In der Folge wird sein Verhalten eher schlimmer und eindringlicher werden.

Machen Sie sich einmal klar, warum Ihr Hund Sie anspringt. Bei jungen Hunden ist es ein Begrüßungsritual gegenüber der Mutterhündin, damit ihm Lefzen und Schnauze geleckt werden. Dies ist der Grund, weshalb Hunde bei Menschen auch so gerne mitten ins Gesicht gehen und deshalb an ihnen hochspringen. Das beste Mittel, damit Ihr Hund das unerwünschte Hochspringen unterlässt, ist, dass er es gar nicht erst kennen lernt. Das sollte bereits im Welpenalter so sein. Lassen Sie alle Anspringversuche Ihres Hundes komplett ins Leere laufen, indem Sie ihn so behandeln, als wäre er überhaupt nicht existent. Erst, wenn alle seine vier Pfoten auf dem Boden sind und Ihr Hund sich so verhält, wie Sie es sich wünschen, beachten Sie ihn wieder, gehen zu ihm in die Hocke und streicheln und loben ihn. Er wird auf diese Weise schnell lernen, dass Anspringen zu überhaupt nichts führt und ihm keinerlei Erfolg bringt – dagegen lohnt es sich, mit allen vier Pfoten auf dem Boden zu bleiben. Ein Hund denkt sehr erfolgsorientiert. Dieses Verhalten wird sich mit der Zeit immer mehr durchsetzen.

Wenn sich das unerwünschte Verhalten bei Ihrem Hund allerdings schon gefestigt hat und er darüber hinaus über ein stattliches Körpergewicht verfügt, dann ist es unrealistisch und im Alltag nicht umsetzbar, diesem Verhalten nur mit Ignoranz zu begegnen. Hier ist es sinnvoll, dass Sie das unerwünschte Verhalten Ihres Hundes gleich zu Beginn durch ein Tabu-Signal blocken. Dazu eignet sich das akustische und optische Tabu-Signal, wie es auf S. 136/137 beschrieben ist.

Sollte Ihr Hund also an Ihnen hochspringen wollen, blocken Sie seine Handlung schon in der Entstehung. Loben Sie ihn, wenn er wieder mit allen Pfoten auf dem Boden steht. Üben Sie diese Variante auch mit anderen Menschen, bis Ihr Hund dieses Verhalten generalisiert hat und versteht, dass Anspringen unerwünscht ist. Es muss von ihm verstanden werden, dass es richtig und lohnenswert ist, alle vier Pfoten auf dem Boden zu lassen.

Hund & Auto

Ein wichtiges Thema, welches zur Sicherheit Ihres Hundes und zur Verkehrssicherheit gehört, ist die Art und Weise, wie Ihr Hund in das Auto ein- bzw. aussteigt. Gerade beim Aussteigen aus dem Auto erlebe ich häufig haarsträubende Dinge, wenn an verkehrsreichen Straßen geparkt wird. Da springen Hunde unaufgefordert aus dem Kofferraum auf die Straße und gefährden so das eigene und das Leben anderer.
Bringen Sie Ihrem Hund daher bei, dass das Ein- und Aussteigen ein Ritual ist, das immer auf die gleiche Weise abläuft – egal, wie das Wetter ist oder wie spät es ist. Was anfangs bestimmt etwas mehr Zeit benötigt und vielleicht auch umständlich erscheint, wird sich später im Alltag als hoher Sicherheitsfaktor und als Zeitersparnis herausstellen. Ziel ist, dass Ihr Hund das richtige Verhalten so automatisiert, dass Sie später gar nichts mehr sagen bzw. anweisen müs-

sen, weil Ihr Hund weiß, wie er sich in dieser Situation zu verhalten hat. Dieses ritualisierte Lernen ist für solche stets gleiche Abläufe sehr hilfreich.

»Azze« hat gelernt, dass er erst auf Anweisung das Auto verlassen darf.

Aufbau:

Führen Sie Ihren angeleinten Hund an Ihr Auto und lassen Sie ihn »Sitz« machen. Öffnen Sie jetzt Ihre Heckklappe. Ihr Hund hat dabei so lange zu warten, bis Sie ihm erlauben, ins Auto zu springen. Beim Aussteigen lassen Sie Ihren Hund prinzipiell zuerst »sitzen«, bevor er aussteigen darf. Es ist sinnvoll, ihn zunächst über eine kurze Leine zu sichern, damit er nicht plötzlich aus dem Auto springt, wenn er etwas Reizvolles sieht. Lassen Sie ihn gleich wieder »sitzen«, sobald er das Auto verlassen hat. Das Ritual für das Aussteigen ist also »Sitz« (im Auto) – Herausspringen – »Sitz« (außerhalb des Autos).

Hund & Kind

Häufig kommen Eltern zu mir, die sich wünschen, dass ihr Hund so erzogen ist, dass auch das Kind mit ihm spazieren gehen kann.

Mir ist es grundsätzlich wichtig, dass Kinder in die Erziehung eines Hundes mit einbezogen werden. Vor lauter Begeisterung darüber, wie bereichernd es ist, wenn ein Kind mit Tieren aufwächst, dürfen Sie jedoch nicht vergessen, wie viel Verantwortung es abverlangt, einen Hund in der Öffentlichkeit zu führen. Sie sollten sich eindringlich fragen, ob Ihr Kind dieser Herausforderung gewachsen ist. Hört Ihr Hund auch noch auf Ihr Kind, wenn plötzlich eine Katze auftaucht? Was passiert, wenn ein Artgenosse Ihren Hund attackiert? Ist Ihr Kind solchen Gefahrensituationen gewachsen?
Machen Sie sich also Gedanken, bevor Sie Ihr Kind einfach mit Ihrem oder gar einem fremden Hund losschicken. Sie sollten sich außerdem sicher sein, welchen Status Ihr Kind gegenüber Ihrem Hund hat. Ist Ihr Kind ein souveräner »Rudelführer«, dem sich Ihr Hund anvertraut, oder ist es einfach ein geliebter Spielkamerad, der sich aber von Kindern nicht wirklich beschützt fühlt? Verstehen Sie mich bitte nicht falsch: Ich finde es sehr wichtig, dass sich Kinder mit Hunden beschäftigen. Bis zu einem gewissen Alter sollte das Zusammensein von Kind und Hund allerdings nur unter der Aufsicht von Erwachsenen stattfinden.

Kinder und Hunde gehören zusammen, vorausgesetzt Sie als verantwortungsbewusster Hundebesitzer sind in der Lage, diese Konstellation richtig zu beurteilen und zu lenken.

Kindern ihre Teilbereiche in der Hundeerziehung zu überlassen, empfinde ich als eine sehr gute Möglichkeit, Kind und Hund ohne Risiko zu einem tollen Team zu formen. Auch den Unterricht in

Hundevereinen oder den Besuch von Hundeschulen sehe ich für Kinder mit der notwendigen Reife als geeignet für einen schönen eigenen Bereich der Hundeerziehung an. Erst, wenn Sie sich sicher sind, dass Ihr Kind eine souveräne Führungspersönlichkeit Ihrem Hund gegenüber ist, sollten sich die beiden allein und ohne Aufsicht in der Öffentlichkeit bewegen.

Wichtig!

Wichtig für Sanktionen in der Kind-Hund-Beziehung: hier sind die Eltern verantwortlich, es sei denn, die Kinder haben bereits die Reife und die Führungspersönlichkeit erreicht, die sie für eine solche Aufgabe benötigen!

5 DIE VIER SÄULEN DER HUNDE-

BEZIEHUNGSARBEIT

Für mich ist die Beziehungsarbeit die wichtigste und die stabilste Säule der Hundeerziehung. Ziel ist, dass Sie in den Augen Ihres Hundes einen anderen Stellenwert bekommen. Um das zu erreichen, benötigen Sie ein ganzes Trainings-Paket, geschnürt aus diversen Auslastungsmodellen, richtigem Spiel, Elementen der formellen Ausbildung, Grenzsetzungen und Regeln aus dem

ERZIEHUNG

häuslichen Bereich. Mit Hilfe dieser Elemente erarbeiten Sie sich Stück für Stück die souveräne Autorität, die für Sie im Zusammenleben mit Ihrem Hund unerlässlich ist. Ganz wichtig zu wissen ist, dass Beziehungsarbeit immer stattfindet, in jeder Sekunde und von Beginn an.
Eine funktionierende Mensch-Hund-Beziehung erarbeiten Sie sich weder auf dem Hundeplatz, noch in der Welpenspielstunde, wenn in der übrigen Zeit nichts anderes stattfindet.

Ausschlaggebend ist, dass Sie sich durch viele Übungen, Rituale und durch die Art und Weise, wie Sie mit Ihrem Hund umgehen, ein Stück Beziehung regelrecht erarbeiten können. Dabei geht es nicht darum, dass Sie sich verbiegen. Sie sollen nur lernen, Ihre eigenen Stärken zu nutzen. Seien Sie dabei immer realistisch bei der Definition Ihres Trainingsziels und respektieren Sie Ihren Hund in seiner psychischen und physischen Einmaligkeit. Dieses Ziel wird immer durch die individuellen Möglichkeiten begrenzt, die Sie und Ihr Vierbeiner mitbringen. Der Trainingserfolg hängt also nicht nur von der Veranlagung Ihres Hundes ab. Auch Sie haben für bestimmte Dinge mehr Talent, als für andere. Akzeptieren Sie die Grenzen, die sich aus der Veranlagung Ihres Hundes und aus Ihren persönlichen Möglichkeiten ergeben. Nur so kann Ihr Hund lernen, Sie als souveräne und wohlwollende Autorität zu respektieren und anzuerkennen.

Im Endeffekt ist es immer die Gesamtheit aller Säulen, die eine gute und funktionierende Mensch-Hund-Beziehung ausmacht. Es ist einfach zu wenig, wenn Sie Ihren Hund »nur« auslasten oder ihn »nur« formell ausbilden. Alle vier Säulen gehören unweigerlich zusammen und ergeben erst im harmonischen Zusammenspiel ein ideales Mensch-Hund-Team.

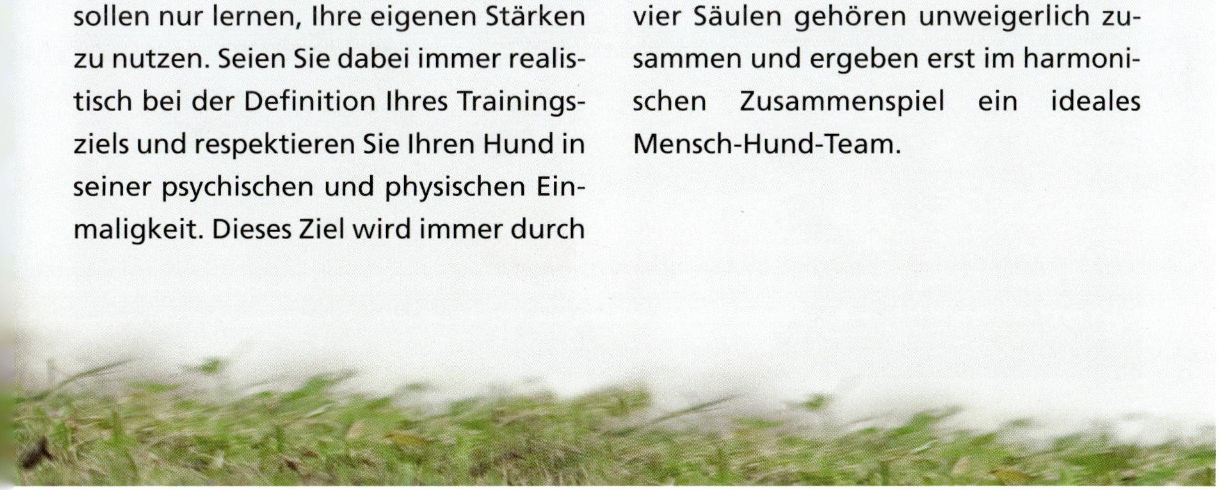

Spiel & Beziehung

Das richtige Spiel ist ein wesentlicher Faktor, wenn es um die Beziehungsarbeit zwischen Ihnen und Ihrem Hund geht. Es hat einen hohen kommunikativen Charakter, fordert Ihren Hund körperlich und gleichzeitig birgt es einen großen Teil Beziehungsarbeit in sich. Im Spiel lernen Sie, Ihren Hund richtig und gezielt zu motivieren, bestimmen die Regeln des Spiels und üben sich im Grenzensetzen. Gleichzeitig haben Sie und Ihr Hund gemeinsam eine Menge Spaß – das schweißt zusammen.

Früh übt sich

Wenn Sie einen Welpen haben, versuchen Sie einmal Folgendes: Setzen Sie sich auf den Boden und essen Sie in aller Ruhe ein Käse- oder Wurstbrot. Wenn Ihr Welpe Sie bedrängt, machen Sie ihm körpersprachlich deutlich, dass Sie nicht bedrängt werden möchten und sein Verhalten missbilligen. Sie können Ihren Hund wegschieben, ihm einfach den Arm vor die Brust halten oder ihn auch mal in die Seite zwicken – je nachdem, was für einen Hund Sie haben. Gelingt Ihnen das, wird sich bereits Ihr kleiner Welpe zukünftig besser an Ihnen orientieren bzw. »nachfragen«, ob er dieses oder jenes tun darf.

Natürlich kann auch ein älterer Hund problemlos lernen, sich an Regeln zu halten und Grenzen zu akzeptieren.

1 *Gespannt wartet »Azze«, bis Sabine das Signal zum Spielbeginn gibt.*

2 *Erst auf ihr Startsignal hin, geht es los.*

Die Hundepfeife – eigentlich eine Formalie

Sie nutzen eine Hundepfeife, um Ihren Hund aus jeder Lebenslage mit einem Pfiff zurückholen zu können – eigentlich ein Baustein der formellen Ausbildung. Sie bauen den Pfiff allerdings nicht systematisch auf, pfeifen mal einfach, mal doppelt oder auch mal gar nicht. Wenn Ihr Hund auf den Pfiff reagiert und zu Ihnen kommt, gibt es zwar eine Belohnung, wenn Ihr Hund aber nicht reagiert, folgt keine Konsequenz. Irgendwann werden Sie dann ungeduldig und wütend, weil das Zurückkommen per Pfiff eben nur manchmal funktioniert. Ab einem bestimmten Zeitpunkt reagiert Ihr Hund gar nicht mehr oder nur noch sehr selten auf die Pfeife und Sie denken, er »schaltet auf stur« und das auch noch mit Absicht. In Wirklichkeit versteht Ihr Hund aber einfach nicht, was Sie von ihm wollen, da Sie ihm das Zurückkommen per Pfiff nicht systematisch und in kleinen Lernschritten beigebracht haben.

Und nach dem Kräftemessen die klare Regel: »Azze« muss »Aus« machen und warten, was Sabine nun wieder vorgibt.

Wenn Sie den Pfiff allerdings systematisch und in entsprechenden, für Ihren Hund verständlichen Lernschritten aufbauen, hat er Spaß dabei, versteht Sie und Sie erarbeiten sich so ein gutes Stück Beziehung. Hier greifen formelle Ausbildung und Beziehungsarbeit ineinander, sie beeinflussen sich gegenseitig. Dieses Beispiel ist mit jedem anderen Beispiel der formellen Ausbildung austauschbar.

Formelle Ausbildung

Das Erlernen bestimmter Formalien gehört für Ihren Hund genauso zum Leben, wie für Sie selbst. Ohne bestimmte Regeln, geht es einfach nicht. Um in unserer Gesellschaft hundegerecht und gefahrlos leben zu können,

ist es für jeden Hund wichtig, ein bestimmtes »Regelwerk« zu beherrschen. Formalien wie »Sitz«, »Platz« oder ein sicheres Abrufen sollten daher auf jeden Fall zu diesem Regelwerk gehören. Wichtig ist, dass Ihr Hund die Formalien mit hoher Motivation ausführt, er soll Freude und Spaß bei seinem Tun haben, denn was er gerne und freudig macht, wird er auch gut und zuverlässig ausführen.

Ziel ist, dass Ihr Hund Ihnen an den Lippen hängt und auf Sie und Ihre Signale achtet. Futter und Spielzeug fungieren dabei als Verstärker, um dieses Ziel zu erreichen. Somit ist das Erarbeiten der Formalien auch ein wichtiges Stück Beziehungsarbeit. Mit den Formalien erarbeiten Sie sich den Respekt Ihres Hundes, welcher sich aber nur dann einstellt, wenn es Ihnen gelingt, dass Ihr Hund Ihnen vertraut. Und wenn Ihr Hund Ihnen vertraut, wird er viele Dinge leichter und schneller lernen und mit Freude und Motivation bei der Sa-

Motivation pur! Nach dem Rückruf will Niki nur noch zurück zum Frauchen.

che sein. Dieses Vertrauen erarbeiten Sie sich im gesamten Umgang mit Ihrem Hund und in allen Bereichen, die ich im Buch beschreibe. Speziell in der formellen Ausbildung geht es ganz besonders darum, dass Sie Ihren Hund nicht überfordern und sich bewusst machen, dass Sie ihm eine Fremdsprache beibringen – nämlich auf Ihre Signale zu reagieren. Deshalb ist es so wichtig, dass Sie komplexe Handlungen wie z. B. »Platz« in Lernschritte einteilen.
Platz beinhaltet z. B.:

a) sich hinlegen
b) liegen bleiben
c) Ablenkung widerstehen

Gehen Sie immer erst zum nächsten Lernschritt über, wenn Sie merken, dass der momentan gelehrte Lernschritt von Ihrem Hund auch verstanden und nahezu fehlerfrei ausgeführt wird. Die Signale, die Sie Ihrem Hund vermitteln, sollten von Ihnen so authentisch und positiv wie möglich kommuniziert werden. Authentisch heißt für mich in diesem Zusammenhang, dass ich z. B. von einem netten Konsul, der mit seinem Jack Russell Terrier zu mir in den Unterricht kam, nicht erwartet hätte, dass er seinen Anzug wechselt und in Jeans und Turnschuhen zum Hundetraining erscheint, um mit seinem Hund zu arbeiten und diesen mit Quietschestimme zu loben.
Was ich damit sagen möchte: Was Sie mit Ihrem Hund wie tun, muss zu Ihnen, zu Ihrer Persönlichkeit und zu Ihrem Hund passen. Nur dann können Sie Ihrem Hund Dinge positiv und für ihn verständlich vermitteln. Positiv vermitteln bedeutet, dass Sie sich als »Lehrer« Gedanken darüber machen, welches Lernumfeld für Ihren Hund geeignet ist, dass Sie nicht ins Blaue hinein vermitteln und dass Sie Ihrem Vierbeiner die Hörzeichen systematisch beibringen.

Achten Sie darauf, dass Sie Ihre Signale klar und deutlich geben, und überlegen Sie genau, ob es wirklich an Ihrem Hund liegt, wenn er von Ihnen geforderte Dinge einmal nicht oder nur zögerlich ausführt. Vielleicht haben Sie ja mehrere Schulklassen übersprungen, oder Sie haben nicht genügend Motivation eingesetzt. Und genau die Motivation ist es schließlich, die Ihrem Hund den Antrieb gibt, etwas Neues zu lernen. Ich unterscheide dabei zwei unterschiedliche Bereiche der Motivation, die zu Beginn der Ausbildung immer zusammengehören. Das ist einmal die **Eigenmotivation**, also alles, was Sie Ihrem Hund bieten können, ohne die Zuhilfenahme von Verstärkern, wie Futter oder Spielzeug. Das Bedürfnis Ihres Hundes nach sozialer Interaktion und nach sozialer Anerkennung ist groß, deswegen ist es so wichtig, dass Sie Ihre persönlichen Fähigkeiten in die Ausbildung mit einfließen lassen und dabei nicht mechanisch vorgehen. Die nonverbale Kommunikation ist für Ihren Hund von großer Bedeutung, deshalb setzen Sie zum Vermitteln Ihrer Signale Ihre Mimik, Gestik und natürlich auch Ihre Lautsprache ein. Ich weiß, dass es nicht einfach ist, aber vielleicht haben Sie ja Freunde oder Bekannte, die Ihnen ein Feedback geben können. Wenn Sie in einer guten Hundeschule sind, wird Ihr Trainer das von selbst machen und nicht nur auf den Hund achten.

Der zweite Teil der Motivation, der zum Vermitteln neuer Aufgaben immer dazugehören sollte, ist die von außen durch Sie zugeführte **Fremdmotivation**. Das sind Verstärker, die Sie zusätzlich zur Eigenmotivation einsetzen können. Ein Verstärker ist z. B. Futter, welches für Ihren Hund, wie für jedes andere Lebewesen auch, existenziell wichtig ist. Diese existentielle Nahrung können Sie ganz gezielt einsetzen. Weniger existenziell sind in diesem Fall Leckerchen. Sie stellen lediglich einen Zusatz dar, das Futter hingegen ist für Ihren Hund eine notwendige Tagesra-

Variieren Sie mit Ihren Verstärkern. Ein Apportierspiel im Wasser kann nach einem schnellen Herankommen für schwimmfreudige Hunde eine ganz besondere Belohnung sein.

tion. Wichtig ist, dass die Verstärker immer ganz kurz zeitverzögert nach Ihrer Eigenmotivation hinzugezogen werden. Dadurch erreichen Sie, dass Ihre Persönlichkeit immer wichtiger wird und die Fremdmotivation nur noch sporadisch eingesetzt werden muss.

Der zweite Verstärker, den ich je nach Veranlagung des Hundes einsetze, ist das eingesetzte Spiel, das auf S.146 bis 155 beschrieben ist, möglichst die ganze Palette, je abwechslungsreicher, desto interessanter und spannender ist es für Ihren Hund. Durch die Kombination der gesamten Palette an Motivation werden Sie erreichen, dass Ihr Hund viel Spaß beim Vermitteln von für ihn zunächst vollkommen fremden Signalen hat und dies gemeinsam mit Ihnen. Wenn es gut läuft, ist es dann wie bei einem Schüler, der ein gutes Verhältnis zu seinem Lehrer hat und einfach daran interessiert ist, was für einen Stoff sein Lehrer ihm vermitteln möchte. Auf diese Weise erreichen Sie, dass Ihr Hund Sie beachtet und neugierig darauf ist, was Sie ihm beibringen möchten. Sobald Sie merken, dass Ihr Hund eine Handlung in den Grundzügen freudig und gut ausführt, gehen Sie zu dem auf Seite 29/30 beschriebenen Verleitungstraining über.

Deckenübung

Die Deckenübung ist eine sehr praktische Übung für den häuslichen Bereich, die Ihnen im Umgang mit Ihrem Hund vieles leichter machen wird. Beispielsweise können Sie Ihren Hund immer dann auf seine Decke schicken, wenn sich Besuch ankündigt oder wenn Sie jemanden erwarten, der Angst vor Hunden hat. Aus der Sicht Ihres Hundes betrachtet, ist die Decke später eine Ruhezone, wo er sich sicher und wohl fühlen wird – egal, wie viel Trubel um ihn herum ist.

Wie angenehm ist es, wenn Leute zu Ihnen nach Hause kommen und Sie Ihren vierbeinigen Freund mit einem Signal, z. B. »Decke«, auf seinen Platz schicken können und Ihr Hund solange darauf bleibt, bis Sie ihn dort wieder abholen.

Die »Decke« leistet auch gute Dienste außerhalb des häuslichen Bereichs und wird von meinen Schülern gerne im Restaurant, bei der Rettungshundearbeit oder bei der tiergestützten Therapie eingesetzt. Für Ihren Hund hat die Decke immer die Bedeutung: Ich habe jetzt »Ruhepause, bis mein Besitzer mich abholt«.

Aufbau:

Beginnen Sie den Aufbau damit, dass Sie Ihrem Hund die Decke als angenehm vermitteln. Stellen Sie sich dazu direkt neben seine Decke oder sein Körbchen und animieren Sie ihn mit einem Stück Futter in der Hand und gleichzeitigem Zeigen auf die Decke plus dem gewählten Signalwort, dort hinzugehen. Dazu sagen Sie »Decke«, dieses Wort wird zu Ihrem Signalwort. Wenn Ihr Hund auf der Decke ist, wird er gelobt und bekommt das Futter. Das machen Sie mit Ihrem Vierbeiner einige Male pro Tag. Ihr Ziel sollte es sein, dass Sie Ihren Hund am Ende aus jeder Ecke der Wohnung auf seine Decke schicken können.

Wenn Sie merken, dass Ihr Hund bereits freudig angerannt kommt, sobald Sie in Richtung Decke gehen, vergrößern Sie die Entfernung zur Decke etwas. Sie halten das Futter jetzt nicht mehr in Ihrer Hand, sondern holen es erst dann heraus, wenn Sie das Signalwort ausgesprochen und Ihrem Hund damit signalisiert haben, dass er richtig gehandelt hat.

Der Hund ist auf der Decke, es erfolgt ihr Signalwort, das Tier erhält seine Belohnung. Damit ist die Übung abgeschlossen.

Sobald er sicher und freudig in Richtung Decke geht, bestätigen Sie ihn mit einem positiven verbalen Feedback. Sagen Sie z. B. »Brav«. Damit weiß er, dass er gerade etwas richtig macht, aber die Handlung noch nicht fertig ist. Hat er die Decke erreicht, sagen Sie Ihr Signalwort »Decke« und geben ihm sein Futter.

Verlängern Sie nun peu à peu die Zeit bis zum Signalwort, das ja die Handlung beendet. Sollte Ihr Hund die Decke verlassen wollen, bevor Sie das Signalwort geben, gehen Sie ihm schnell entgegen und geben Ihr Hörzeichen für das Tabu. Entfernen Sie sich anfangs nicht zu weit von der Decke, damit Ihr Hund diese erst gar nicht verlassen kann.

Sobald Ihr Hund sich problemlos auf die Decke schicken lässt und dort gerne bleibt, beginnt auch hier das Verleitungstraining. Hier gehen Sie genauso vor, wie beim Hörzeichen »Bleib«.

Häusliche Umgebung

Ein häufiges Problem ist, dass viele Hundebesitzer außerhalb der häuslichen Umgebung sehr konsequent, im Haus oder in der Wohnung hingegen sehr inkonsequent sind. Sicherlich liegt das zu einem großen Teil daran, dass gefährliche bzw. ablenkende Dinge, wie Straßen, Jäger, andere Hunde oder sonstige Tiere, eher draußen anzutreffen sind. Die Notwendigkeit, dass ein Hund also hört, ist draußen mitunter lebenswichtig, in Haus und Garten nicht. Das Problem ist nur, dass Ihr Hund draußen, verbunden mit vielen Reizen, einer Menge Ablenkung und interessanten Gerüchen, erst recht nicht auf Sie hören wird, wenn er es drinnen schon nicht tut.

Wenn Sie Ihren Hund bevorzugt im Haus streicheln, mit ihm kuscheln und ihn füttern, außerdem auf sein forderndes Verhalten sofort eingehen, dann

So soll es sein: Weimaraner-Hündin Nele liegt entspannt und zufrieden in ihrem Körbchen, während Besitzerin Britta Jensen sich mit einer Bekannten unterhält.

wird er draußen unter Umständen nicht die Notwendigkeit sehen, sich an Ihnen zu orientieren – seine sozialen und körperlichen Bedürfnisse werden ja im Haus bereits befriedigt. Es kann also durchaus sinnvoll sein, wenn Sie sich im Haus von Zeit zu Zeit etwas rarer machen, und Ihren Hund quasi links liegen lassen, ihn einfach nicht beachten. Draußen werden Sie dann automatisch wieder interessanter für ihn. Interessanter werden Sie für ihn sicher, wenn Sie ihm außerhalb der häuslichen Umgebung einen Großteil seines Futters geben, z. B. in Verbindung mit kleineren kommunikativen Aufgaben.

Schnell wird Ihr Hund merken, dass seine elementaren Grundbedürfnisse plötzlich nicht mehr »nur« drinnen und auf sein Fordern hin erfüllt werden. Er wird sich umorientieren und sein Verhalten ändern müssen. Das ist Ihre Chance, etwas in der Beziehung zu Ihrem Hund zu verändern. Ihr neues Verhalten in der häuslichen Umgebung wird sich generell positiv auf den Umgang mit ihm auswirken. Sie werden sehen, dass auch die Kommunikation auf gemeinsamen Spaziergängen eine andere sein wird.

Wichtig!

Gerade im Haus oder in der Wohnung verbringen Sie die meiste gemeinsame Zeit mit Ihrem Hund. Daher sollte hier erst recht keine Anarchie herrschen. Wenn Sie und Ihr Hund allerdings weder drinnen noch draußen ein Problem haben, müssen Sie auch nichts verändern. Ist Ihr Hund es außerdem gewöhnt, sich generell an bestimmten Regeln zu orientieren, fällt das Zusammenleben leichter.

Auch in fremder Umgebung soll sich Ihr Hund an bestimmten Regeln orientieren.

Dazu einige Beispiele:

Hund & Sofa

Ob ein Hund aufs Sofa darf oder nicht, ist eine reine Geschmacksfrage, keine Grundsätzlichkeit. Auch strebt kein Hund gleich die Weltherrschaft an, wenn er es sich auf dem Sofa mal bequem macht. Allerdings können bestimmte Regeln das Zusammenleben zwischen Ihnen und Ihrem Hund einfacher machen und den Umgang miteinander respektvoller gestalten.
Dazu können Sie ein bestimmtes Ritual etablieren, welches Ihrem Hund signalisiert, dass er jetzt aufs Sofa darf. Das kann beispielsweise das Auflegen einer Decke sein, die dem Hund deutlich macht: jetzt darf ich aufs Sofa (siehe »Formalien«, S. 49)! Liegt dort keine Decke, darf er es eben nicht.
Wenn Ihnen das mit der Decke zu umständlich ist, können Sie auch ein Signalwort etablieren, das Ihrem Hund sagt, dass er jetzt aufs Sofa springen darf. Das kann ein »Okay« sein, aber auch jedes andere Wort. Wichtig ist nur, dass es immer das gleiche ist und Ihr Hund dieses Signal versteht.

Besuch kommt – ein entspanntes Szenario schont die Nerven aller Beteiligten.

Hund & Besuch

Es klingelt, Besuch, der Postbote oder der nette Nachbar von nebenan kündigen sich an. Ihr Hund rennt sofort kläffend zur Tür, nichts kann ihn jetzt mehr halten. Zur Freude Ihres Hundes spielen Sie dieses Spiel jedes Mal mit, rennen ebenfalls hektisch zur Tür – natürlich ist Ihr Hund schneller – und werden, genau wie er, ganz aufgeregt, sobald Sie Ihr Ziel erreicht haben.

Der »Final Count-down« könnte man meinen. Der ist es aber nicht, sondern lediglich eine ganz alltägliche Situation, die, und das garantiere ich Ihnen, immer wieder auftauchen wird.

Um diesem Szenario ein Ende zu bereiten, versuchen Sie doch einmal, aus dem »Final Count-down« ein »Slow-Motion-Programm« zu machen. Wenn es klingelt, gehen Sie langsam und in aller Ruhe zur Tür, Ihren Hund nehmen Sie dabei mit, allerdings ist er durch eine kurze Hausleine (ca. einen Meter) ohne Schlaufen und Ösen gesichert. An der Haustür angekommen, lassen Sie ihn sitzen oder stehen und öffnen sie. Sollte er jetzt versuchen, wie wild an dem Besuch hochzuspringen, um diesen zuerst zu begrüßen, machen Sie ihn mit einem Tabu-Signal und einem kurzen Leinenimpuls (wenn das Tabu-Signal alleine noch nicht ausreicht) darauf aufmerksam, dass dieses Verhalten hier nicht erwünscht ist. Sobald sich Ihr Hund ruhig verhält, setzen Sie Ihr Vorhaben weiter fort. Bitten Sie Ihren Besuch herein und erlauben Sie erst dann Ihren Hund zu streicheln, wenn dieser sich absolut ruhig verhält. Bauen Sie parallel zu diesem Vorgehen die Deckenübung auf (siehe »Deckenübung«, S. 53).

Besitzen Sie einen Welpen oder einen noch sehr jungen Hund, können Sie sich diesen ganzen Ärger und den Aufwand mit großer Wahrscheinlichkeit ersparen. Beachten Sie Ihren kleinen Hund nicht, wenn es klingelt und signalisieren Sie ihm von Anfang an, dass er in dieser Situation vollkommen unwichtig ist. Erst wenn Ihr Hund sich im Beisein des Besuchs wirklich entspannt und fast schon gelangweilt wirkt, sollen Ihre Gäste den Hund streicheln oder ihm etwas Leckeres zu fressen geben.

Während Ihr Hund auf der Decke liegt, können Sie sich ungehindert um Ihren Besuch kümmern.

Die Sache mit dem Anbinden

Häufig wird empfohlen, den Hund im Haus anzubinden, wenn Besuch erwartet wird. Generell habe ich nichts dagegen, einen Hund unter bestimmten Voraussetzungen im häuslichen Bereich anzubinden. Wenn Ihr Hund Ihnen beispielsweise in der Wohnung auf Schritt und Tritt folgt oder wenn Sie das Alleinebleiben trainieren wollen, ist das mit dem Anbinden durchaus eine positive Sache.

Schritt für Schritt können Sie Ihrem Hund es beibringen, dass er sich entspannt, wenn Sie kurz den Raum verlassen oder den Müll wegbringen. Die Situation an sich ist hier nicht aufgeregt, die Gefahr, dass Ihr Hund bei einem systematisch durchdachten Trainingsaufbau hochdreht, eher gering. Wenn es jedoch um die Besucherfrage geht, halte ich das Anbinden eher für kontraproduktiv. Kontraproduktiv deshalb, weil Ihr Hund sich unter Umständen immer weiter aufheizt und sich somit in sein unerwünschtes Verhalten hineinsteigert. Gerade wenn Sie Ihren Hund nur dann anbinden, wenn Besuch kommt, lernt dieser, dass es einen Grund dafür geben muss, dass er immer gerade dann angebunden wird, wenn etwas Spannendes passiert. Der Besuch wird für Ihren Hund so nur noch interessanter und aufregender. Dabei soll er doch lernen, dass Besuch etwas »Normales« ist und eher Langeweile, als Aufregung bedeutet.

Schön, wenn ein Hund das Anbinden positiv kennen gelernt hat. Dies hat in vielen Alltagssituationen Vorteile.

Auslastung

Sinnvolle Auslastungsmodelle verfolgen mehrere Ziele. Zum einen möchte ich Ihnen mit diesen Modellen Wege und Möglichkeiten präsentieren, wie Sie Ihren Hund beschäftigen können, damit er seine Bedürfnisse gemeinsam mit Ihnen ausleben kann, zum anderen soll sich die Beziehung zwischen Ihnen und Ihrem Hund durch das gemeinsame Tun verbessern. Wichtig ist dabei, dass Sie und Ihr Hund Freude an dem gewählten Auslastungsmodell haben.

Es soll viel Interaktion zwischen Ihnen und Ihrem Vierbeiner stattfinden und vor allem Ihre Persönlichkeit im Vordergrund stehen. Sie sollen sich nicht von irgendwelchen Objekten abhängig machen.

Hier konzentriert sich »Lenny« ganz auf seine Aufgabe und vergisst dabei die sehr reizstarke Umgebung auf einer Messe.

2

Der gesuchte Gegenstand ist gefunden und »Lenny« bringt ihn gleich zu Ollie zurück.

Was Auslastung bedeutet, ist von Hund zu Hund und von Mensch zu Mensch verschieden. Wenn Sie beispielsweise Agility nicht mögen, macht es auch keinen Sinn, diese Hundesportart als Auslastungsmodell für Ihren Hund zu wählen – auch dann nicht, wenn Sie stolze Besitzerin eines Australien Shepards oder eines Border Collies sind. Das gewählte Auslastungsmodell muss Ihrem Hund und Ihnen gefallen, sonst ist Frust vorprogrammiert.

Ein gutes Auslastungsmodell zeichnet sich für mich dadurch aus, dass Sie es allein mit Ihrem Hund organisieren und ausführen können und dabei nicht auf bestimmte Örtlichkeiten, andere Menschen oder einen Vereinsplatz angewiesen sind. Das soll nicht bedeuten, dass Sie und Ihr Vierbeiner einfach so loslegen können. Natürlich müssen Sie zuerst wissen und lernen, wie Sie die Arbeit mit ihm in einem bestimmten Bereich aufbauen und trainieren können. Wenn Sie das wissen, können Sie an jedem Ort und zu jedem Zeitpunkt mit Ihrem Hund arbeiten und etwas gemeinsam erleben. Sie machen ihm damit eine große Freude, denn schließlich kann jede Sekunde, die er mit Ihnen verbringt, etwas Spannendes passieren. So wird nicht der Besuch des Hundeplatzes zum Highlight im Leben Ihres Hundes, sondern das tägliche Zusammensein mit Ihnen. Wer gerne auf den Hundeplatz geht, soll dies auch weiter tun, denn das gemeinsame Training gibt Ihnen eine gute Orientierung. Mir ist wichtig, dass Sie Ihren Hund aber auch ohne Vereinstraining gut auslasten können und dies an unterschiedlichen Orten, damit Ihr Tier nicht ortsgebunden lernt.

Wichtig ist in jedem Fall, dass die gewählte Auslastung kommunikativen Charakter hat und Ihnen und Ihrem Hund Spaß macht. Aus diesem Grund bin ich ein großer Fan des Longierens. Hier läuft alles über die Kommunikation. Hat Ihr Hund kein Interesse, mit Ihnen zu kommunizieren, passiert auch nichts. Selbst die körperliche Auslastung funktioniert hier nur über die Kommunikation (siehe »Longieren«, S. 107).

Jetzt ist Ruhe beim Longieren angesagt! Erst wenn Uwe Friedrich seinem »Kleinen Mann« körpersprachlich signalisiert, dass es weitergeht, darf dieser seine Position verändern.

Longieren als Auslastung

Das Longieren ist ein Auslastungsmodell mit hohem kommunikativen Charakter, bei dem durch Ihre Signale sehr viel Beziehungsarbeit geleistet wird. Dadurch wird Ihr Hund Sie noch mehr beachten. Zunächst werden die Positionen Sitz, Platz und Steh, die bis jetzt nur auf kurze Distanz gearbeitet wurden, auf größere Distanzen gefestigt. Ihr Hund hat gelernt, dass er nicht über das Absperrband in das Kreisinnere kommen darf. Durch diese Arbeit werden also gleichzeitig auch Grenzen gesetzt, die auf Distanz Gültigkeit haben. Die Fokussierung Ihres Hundes auf Sie wird immer stärker und die Außenreize werden dafür immer mehr in den Hintergrund rücken.

Ihr Hund legt an einem Longierkreis, der einen Zehn-Meter-Radius hat, ca. sechzig Meter pro Runde zurück. Dafür benötigt er durchschnittlich acht Sekunden. Nun können Sie sich vorstellen, was Ihr Hund dabei an Strecke zurücklegt, wenn Sie das Longieren mehrere Minuten durchführen. Der große Vorteil: während der gesamten Zeit kommuniziert er mit Ihnen und Sie mit ihm.
Wenn Ihr Hund sich Ihnen freudig anschließt, die Grenzen anerkennt und jede Richtungsänderung mitmacht, dann wird es Zeit, dass Sie Ihren Abstand zum Kreis in kleinen Trainingsschritten in das Kreiszentrum verlagern. Stellen Sie also zuerst einen Meter Abstand zum Kreis her, wenn das gut klappt, vergrößern Sie den Abstand peu à peu immer mehr, bis Sie im Zentrum des Kreises stehen. Sie machen sich also rar und sind für Ihren Hund nicht permanent verfügbar. Für Ihren Vierbeiner werden Sie so immer attraktiver.

Trainieren Sie einen bestimmten Abstand zum Kreis solange, bis Ihr Hund sich dort sicher fühlt und nicht mehr in das Kreisinnere springen möchte. Vergrößern Sie dann erst Ihre Distanz zum Äußeren des Kreisen.
Bauen Sie während des Longierens immer wieder Ruhephasen ein, um Ihren Hund nicht zu überfordern und um ihm beizubringen, dass sich Ruhe lohnt. Denn nur, wenn sich Ihr Hund ruhig verhalten kann, wird weiter longiert.
Die Verknüpfung, dass sich Ruhe lohnt, ist gerade für sehr aktive Hunde wichtig, damit diese mit einer gesunden Balance von Ruhe und Aktivität gearbeitet werden können.

Beginnen Sie das Longieren mit einer Gesamtzeit von nicht mehr als fünf Minuten. Steigern Sie diese langsam auf bis zu zehn Minuten. Mindestens ein Drittel der Zeit sollte Ruhezeit sein, vor allem dann, wenn Ihr Hund sehr schnell ist.

Bestätigen Sie Ihren Hund mit einem Signalwort, gehen Sie dann zu ihm und füttern Sie ihn in Laufrichtung. Das Signalwort kommt genau in dem Moment, in dem Sie ganz besonders zufrieden sind und das gezeigte Verhalten fördern möchten. Durch das Nach-vorne-Gehen verhindern Sie, dass Ihr Hund zu Ihnen in das Kreisinnere springt. Der Verstärker in Laufrichtung bewirkt, dass Ihr Hund freudig und schnell in die angezeigte Richtung läuft. Locken Sie Ihren Viebeiner nicht mit einem Verstärker, wenn er anfängt, langsamer zu werden. Er bildet sonst eine unerwünschte Verhaltenskette und meint, er müsste langsamer werden, damit Sie den Verstärker herausholen und besonders freundlich sind. Versuchen Sie, den genauen Moment einer positiven Leistung zu erwischen und exakt dieses Verhalten zu fördern.

Signalwort (z.B. »Gut«)

Ein Signalwort ist ein akustisches Signal, das Sie Ihrem Hund genau in dem Moment geben, in dem er ein gewünschtes Verhalten zeigt, um damit zu signalisieren, dass er etwas richtig macht und gleich eine Belohnung erhalten wird. Ihr Hund wird also nicht nur auf Ihre Hand starren, sondern er wird Sie beobachten. Denn Sie signalisieren ihm akustisch und natürlich auch körpersprachlich, dass die ersehnte Belohnung (soziale Zuwendung und Verstärker) zeitnah kommt.

Sie müssen kein Futter oder Spielzeug in der Hand halten, um Ihren Hund zu locken, sondern Sie können sehr gezielt erwünschtes Verhalten fördern bzw. bestätigen.

Beim Longieren beendet also das Signalwort die gerade von Ihrem Hund ausgeführte Handlung. Das heißt, wenn das Signalwort ertönt, wird dies eine Situation sein, in der gerade ein besonders positives Verhalten von Ihrem Hund gezeigt wird. Er darf die Handlung beenden und bekommt dann von Ihnen seine Belohnung.

Selbiges gilt auch für die Nasenarbeit. Bei dieser Form der Auslastung initiieren Sie die gemeinsame Arbeit und Ihr Hund kann Sie dabei beobachten, wie Sie etwas Spannendes vorbereiten. Anschließend soll er etwas für Sie suchen, was er Ihnen am Ende entweder bringen darf (Futtermäppchensuche, siehe S. 159) oder passiv anzeigen muss (ZOS, siehe S. 156/157). Nach erfolgreicher Suche wird er dann von Ihnen in jedem Fall ausgiebig gelobt. Hier vereinen sich geistige und körperliche Arbeit mit den sozialen Bedürfnissen Ihres Hundes, ähnlich wie im Spiel.

Diese beiden Formen der Auslastung sind außerdem auch immer ein Teil der Beziehungsarbeit, denn: Wenn Ihr Hund zufrieden ist und Freude an der gemeinsamen Arbeit mit Ihnen hat, wird es auch in vielen anderen Situationen leichter. Beispielsweise lernt ein Hund die Formalien viel besser und unproblematischer, wenn er Spaß an der Arbeit hat und generell ausgelastet und zufrieden ist.

Mit Ihrem Hund ist es wie mit einer Partnerschaft: durch gemeinsames Tun wächst man immer mehr zusammen, Sie vertrauen einander und die Beziehung wird immer besser und fester. Hinter all dem ist der Teamgedanke, den ich mit meiner Arbeit verfolge, sehr deutlich zu spüren.

SCHAUBILD

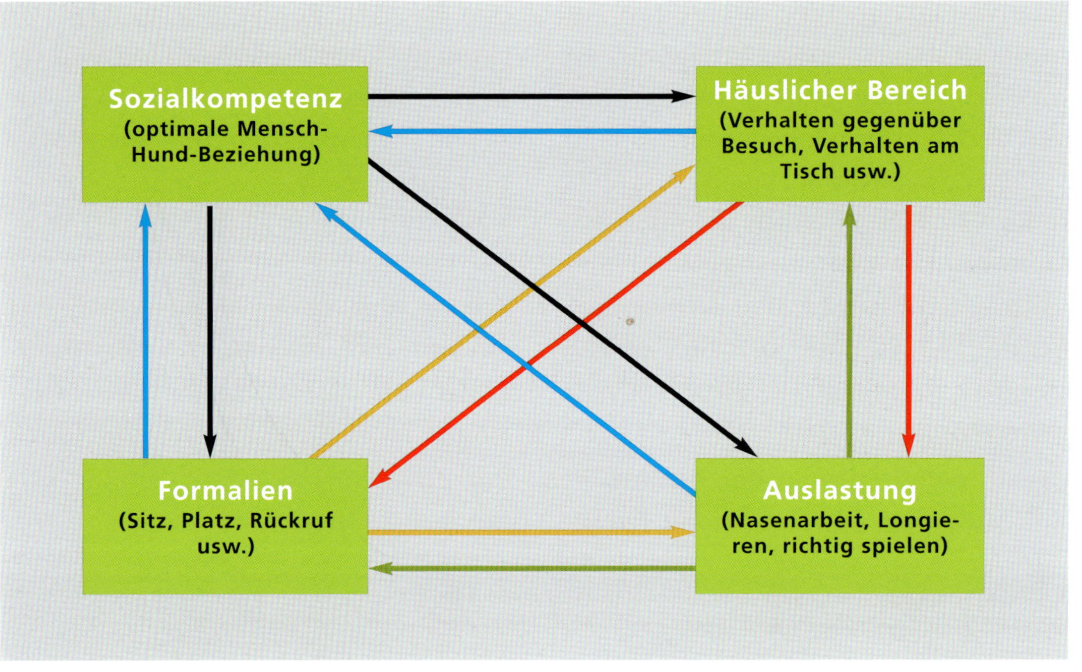

Blaue Pfeile zu Sozialkompetenz:

a) Vom häuslichen Bereich zur Sozialkompetenz: Durch eine konsequente und verbesserte Haltung und den richtigen Umgang im häuslichen Bereich wird sich eine größere Sozialkompetenz ergeben.

b) Von der Auslastung zur Sozialkompetenz: Ebenfalls kann durch richtige und artgerecht Auslastung mit Regeln eine verbesserte Sozialkompetenz erreicht werden.

c) Von den Formalien zur Sozialkompetenz: Durch einen systematischen Aufbau im formellen Bereich, bei dem der Hund eine Chance zum Verstehen bekommt, was von ihm gewünscht und gefordert wird, und Freude bei der Umsetzung entsteht und trotzdem ein konsequentes Vermitteln gewährleistet ist, wird sich eine deutliche Steigerung der Sozialkompetenz erreichen lassen.

Schwarze Pfeile weg von Sozialkompetenz:
Durch eine größere Sozialkompetenz und eine damit verbundene verbesserte Orientierung Ihres Hundes an Ihnen, fällt es deutlich leichter, ein entsprechendes Niveau der formellen Ausbildung und der Auslastungsmodelle zu erreichen.
Auch im häuslichen Bereich werden Unarten wie Anspringen des Besuchs usw. leichter zu korrigieren sein, wenn die Sozialkompetenz stimmt.

Grüne Pfeile weg von Auslastung:
Durch eine verbesserte Auslastung wird ein Hund wesentlich ausgeglichener, und es wird für ihn geradezu faszinierend, mit seinem Besitzer nach draußen zu gehen. Wenn dann dieser eifrige »Azubi« schon fast an Ihren Lippen hängt und nur darauf wartet, dass Sie etwas mit ihm machen, dann fällt die Vermittlung von Formalien leichter. Ein ausgeglichener Hund bedeutet auch, dass viele Probleme zu Hause aufhören, die auf Unterforderung zurückzuführen sind.

Gelbe Pfeile weg von Formalien:
Durch gute Formalien steigen die Möglichkeiten in der Kommunikation. Es ist dann möglich, Auslastungsmodelle auf hohem Niveau durchzuführen (Beherrschung im Spiel, Abrufen beim Suchen usw.).
Auch im häuslichen Bereich ergeben sich dadurch viele Erleichterungen, z. B. den Hund in den Korb schicken können, wenn Besuch kommt, ihn aus dem Garten abrufen ...

Rote Pfeile weg vom häuslichen Bereich:
Wenn ein Hund im häuslichen Bereich nicht permanent über den Besitzer verfügen kann, wenn ihm wichtige Ressourcen wie Futter und Beute (Spielzeug) nicht geschenkt werden, dann fallen die Vermittlung von Auslastungsmodellen und die formelle Erziehung leichter.

Fallbeispiel Beziehungsarbeit:

Hexe – spielend die Beziehung verbessern

Steckbrief

Name: *Hexe*

Geschlecht: *weiblich/kastriert*

Rasse: *Schäferhund-Mischling*

Alter: *sechs Jahre*

Problem: *schwer zu motivieren, träge, orientiert sich nicht*

Das Problem

Silke und Chris Johnson arbeiten als Therapeuten mit autistischen Kindern, ihre Schäferhund-Mischlingshündin Hexe soll künftig als Medium für diese Kinder einsetzbar sein. Noch ist das allerdings nicht möglich. Bei unserem ersten Termin ist Hexe sehr desorientiert, leicht ablenkbar und nur schwer zu motivieren. Grenzen setzen Silke und Chris Johnson ihr nur unregelmäßig, die Hündin macht ja ohnehin, was sie will. Außerdem ist Hexe träge und leicht übergewichtig. Silke und Chris Johnson habe ich vorab zu einem Tierart-Check geraten, um gesundheitliche Probleme auszuschließen.

Analyse & Training

Bei der Arbeit mit Hexe kommt es in erster Linie darauf an, die Hündin zu motivieren und ihr Spaß am gemeinsamen Tun mit ihren Besitzern zu vermitteln. Obwohl Hexe sich kaum für Futter interessiert, habe ich ihr im Training zunächst signalisiert: Du bekommst dein Futter ab sofort nur noch für die gemeinsame Arbeit mit mir bzw. mit deinen Besitzern. Hier war es besonders wichtig darauf zu achten, dass das ausgewählte Futter ganz nach Hexes Geschmack ist. Dosenfutter erwies sich dabei als die ultimative Belohnung, die Hexe für jede erfüllte Aufgabe, für jede Kommunikation mit Silke und Chris Johnson fortan aus der Futtertube bekam. Über diese Art der Arbeit hat Hexe letztendlich gelernt, dass sie an alles herankommt (Futter, soziale Zuwendung), wenn sie nur mit ihren Menschen kommuniziert.

Damit Silke und Chris Johnson eine klare Linie in ihrer Beziehung zu Hexe etablieren können, habe ich außerdem

Das Apportieren des Futterdummys führt Hexe freudig und mit viel Motivation aus. Sie und ihre Besitzerin Silke Johnson arbeiten hier gemeinsam an ihrer Beziehung.

das Tabu-Signal aufgebaut. Hexe muss lernen, dass es Grenzen gibt, die sie zu beachten und zu respektieren hat. Nachdem Hexe dieses Tabu-Signal in unterschiedlichen Situationen akzeptierte, habe ich begonnen, ein kontrolliertes Beutespiel aufzubauen. Dabei habe ich sehr darauf geachtet, dass Hexe lernt, sich zu beherrschen und ruhig zu verhalten. Das klappte sehr schnell, so dass Hexe anschließend lernte, dass, wenn Sie von Silke oder Chris Johnson auf ihre Decke geschickt wird, sie dort auch zu bleiben hat und diese erst dann wieder verlassen darf, wenn sie die Erlaubnis bekommt.

Egal ob Spiel oder Futterdummy-Apportieren: Hexe hat gelernt, dass sie nur durch Kommunikation und Blickkontakt mit ihren Menschen etwas machen kann.

Heute arbeitet die Hündin gemeinsam mit Chris und Silke Johnson und den autistischen Kindern. Dabei ist sie die Ruhe selbst und hat deutlich an Lebensqualität gewonnen. Die Beziehungsarbeit war hier das Ventil, das Hexe benötigte, um sich zu öffnen. Jetzt, nachdem Hexe bereit ist, sich ihren Menschen anzuschließen und mit ihnen zu kommunizieren, ist auch die formelle Ausbildung kein Problem mehr.

Fallbeispiel Formelle Ausbildung:

Lucky – Formalien geben Halt

Steckbrief
Name: *Lucky*
Geschlecht: *männlich, mittlerweile kastriert*
Rasse: *Jack Russel Terrier*
Alter: *drei Jahre*
Problem: *zieht an der Leine, keine Orientierung an seinen Menschen, leinenaggressiv*

Das Problem

Jack Russel Terrier Lucky ist ein aufgewecktes Kerlchen und hat seine Besitzer Ines und Martin Benitz fest im Griff. Die Probleme sind vielfältig und belasten den Alltag der frisch gebackenen Eltern beträchtlich. Jeder Spaziergang mit Lucky gleicht einem Spießroutenlauf: Kläffend und an der Leine zerrend bestimmt der kleine Hund ganz selbstbewusst, wie es wo langgeht. Frei nach dem Motto »alles hört auf mein Kommando«, hätte der Rüde die Weltherrschaft, respektive den Orden des Platzwarts gerne für sich. An seinen Besitzern orientiert Lucky sich kaum, andere Hunde werden lautstark in die Flucht geschlagen. Zwar hat er »Sitz« und »Platz« bereits »irgendwie« gelernt, hat diese Hörzeichen jedoch nicht wirklich begriffen. Bei der Abklärung zeigt sich schnell, dass Lucky in erster Linie mit den vielen Forderungen seiner Besitzer regelrecht überfordert ist. Ines und Martin Benitz verlangen Dinge, die der kleine Hund zuvor nicht konsequent und systematisch gelernt hat. Führt er die gegebenen Kommandos dann nicht aus, ärgern sie sich und reagieren mit Ungeduld und Unverständnis auf das Verhalten ihres Hundes. Somit gibt es kaum positive Ereignisse, die Mensch und Hund verbinden. Frust und Unverständnis auf beiden Seiten sind die Folge.

Analyse & Training

Das Problem besteht darin, dass Lucky sich bisher nicht vertrauensvoll an seinen Menschen orientieren konnte. Er weiß einfach nicht, warum er sich wie

Lucky ist mit viel Eifer bei der Sache und reagiert prompt auf das Rückrufsignal seines Besitzers.

Dafür wird er anschließend mit Nassfutter aus der Futtertube belohnt.

verhalten soll, eine klare Linie fehlt. Daher ist es dringend erforderlich, dass Lucky mithilfe bestimmter Regeln lernt, wie er sich in welchen Situationen zu verhalten hat. Die formelle Ausbildung steht aus diesem Grund bei ihm klar im Vordergrund. Mensch und Hund erarbeiten sich dabei Stück für Stück gemeinsam kleine Trainingserfolge und finden so zueinander. Das ist gleichzeitig auch wieder ein Stück Beziehungsarbeit.

Bei Lucky gibt es neben dem fehlenden und Sicherheit gebenden Rahmen aber noch einen anderen entscheidenden Faktor, den es zu berücksichtigen gilt: Er ist unkastriert und kann sich nur schwer bis gar nicht beruhigen, wenn er auf eine läufige Hündin trifft. Auch ist er gerade mit anderen Rüden unverträglich, nervös und meistens sehr aufgeregt. Nach anfänglichen Bedenken ließen Ines und Martin Benitz zunächst für drei Monate einen Hormon-Chip bei Lucky testen, welcher ähnliche Auswirkungen auf den Hundekörper hat, wie eine Kastration. In der darauffolgenden Zeit war Lucky wesentlich besser ansprechbar, konnte sich besser konzentrieren und verhielt sich auch zu Hause weniger nervös, so dass Ines und Martin Benitz ihn schließlich kastrieren ließen.

Im Training habe ich mit Lucky zuerst den sicheren Rückruf geübt. Ganz viel Motivation war dabei besonders wichtig, da diese Lucky und seine Besitzer zusammenschweißt. Lucky hat jetzt die Chance, seine Besitzer auf einem sehr einfachen Weg zu verstehen. Im weiteren Trainingsverlauf lernte er außerdem das Kommando »Bleib« und ordentlich an der Leine zu laufen. Bereits nach kurzer Zeit war deutlich erkennbar, dass Lucky vermehrt Kontakt zu seinen Besitzern suchte und mit viel Freude bei der Sache war.

Kastration

Grundsätzlich bin ich weder ein Befürworter, noch ein Gegner von Kastrationen. Verhält sich ein Rüde z. B. aggressiv gegenüber anderen Rüden, so würde ich generell nach der Ursache für dieses Verhalten suchen, den Rüden aber nicht sofort kastrieren lassen.
Sollte sich bei der Ursachenforschung allerdings herausstellen, dass das aggressive Verhalten des Rüden hormonell bedingt ist, würde auch ich zu einer Kastration raten.
Wenn Sie hundert Prozent sicher gehen wollen, dass Sie Ihren Rüden nicht zu »unrecht« kastrieren, lassen Sie sich zuvor von Ihrem Tierarzt beraten. Es gibt die Möglichkeit, Ihrem Hund für drei Monate einen Hormon-Chip einsetzen zu lassen, um zu testen, ob sein Verhalten sich aufgrund der neuen hormonellen Situation ändert.

Bei einer Hündin ist eine Kastration schon deshalb gut zu überlegen, weil sie allein gesetzlich nicht einfach so erlaubt ist. Seit dem 25.5.1998 haben wir ein neues Tierschutzgesetz. Und das besagt in § 6 Abs.1: *»Verboten ist das vollständige oder teilweise Amputieren von Körperteilen oder das vollständige oder teilweise Entnehmen oder Zerstören von Organen oder Geweben eines Wirbeltieres. Das Verbot gilt nicht, wenn*

1. der Eingriff im Einzelfall
a) nach tierärztlicher Indikation geboten ist oder
b) bei jagdlich zu führenden Hunden für die vorgesehene Nutzung unerlässlich ist …«

Hinzu kommt, dass die Kastration bei einer Hündin auch kontraproduktiv sein kann. Nicht wenige Besitzer von Hündinnen berichten, dass das aggressive Verhalten Ihrer Hündin nach der Kastration zugenommen hat. Eine Kastration ist daher immer eine Angelegenheit, über die man im Einzelfall entscheiden sollte – bei Rüden und bei Hündinnen.

Fallbeispiel Häusliche Umgebung: Nele – Grenzen machen das Leben einfacher

Steckbrief
Name: *Nele*
Geschlecht: *weiblich/nicht kastriert*
Rasse: *Weimaraner (Langhaar)*
Alter: *vier Jahre*
Problem: *kennt im Haus und draußen keine Grenzen, macht, was sie möchte*

Das Problem

Als Britta und Falko Jensen mit Nele bei mir eintreffen, zerrt die Weimaraner-Hündin wie wild an der Leine, verbellt andere Hunde und entfernt sich ungefragt, sobald die Leine ab ist. Zuhause sieht es nicht besser aus. Am Haus vorbeigehende Fußgänger werden ebenso verbellt, wie andere Menschen, die zu Besuch kommen. Eine Orientierung an Britta und Falko Jensen ist in kaum einer Situation erkennbar. Bei einem Hausbesuch bestätigt sich, was sich draußen schon angekündigt hat: Nele kennt keine Grenzen, bedrängt Besucher und nimmt sich alle Freiheiten, die es innerhalb des Hauses so geben kann. Egal ob Sofa, Sessel oder Bett – Nele ist überall. Da Britta und Falko stolze Eltern einer kleinen Tochter sind, ist der Alltag mit Nele zur Belastungsprobe geworden.

Analyse & Training

Damit Britta und Falko den Alltag mit ihrer kleinen Tochter und Nele zukünftig entspannt bestreiten können, stehen als erste Maßnahmen einige Veränderungen im Haus an. Denn im Kleinen (drinnen) lernt Nele das, was auch im Großen (draußen) von ihr verlangt wird. Beispielsweise hat Nele ab sofort auf einer Decke zu liegen, wenn Britta und Falko Essen oder sich mit ihrer kleinen Tochter beschäftigen (siehe »häuslicher Bereich/Deckenübung«, S. 55). Neben dieser Regel gibt es natürlich noch viele weitere Dinge, die sich für Nele jetzt ändern. Die Hündin darf nicht mehr »einfach so« aufs Sofa, sie muss Britta und Jens »fragen«, ob sie

Wenn Britta Jensen sich mit ihrer kleinen Tochter Jana beschäftigt oder Besuch empfängt, hat Nele so lange in ihrem Körbchen zu bleiben, bis sie die Erlaubnis bekommt, dieses zu verlassen.

darf, oder nicht. Ziel ist, dass Nele ihre Menschen zukünftig ernst nimmt, sie respektiert und ihnen vertraut. Das hat wiederum zur Folge, dass die Spannungen zwischen Britta, Falko und Nele mit der Zeit weniger werden, da die Hündin gelernt hat, in vielen Situationen gelassen und entspannt zu bleiben. Diese Gelassenheit beruht wiederum auf dem gewonnenen Vertrauen zu ihren Besitzern und ist natürlich auch ein Stück Beziehungsarbeit. Feste Rituale und Umgangsformen geben Nele Sicherheit und Vertrauen in die Beziehung zu Britta und Falko. Natürlich reicht es nicht, Nele in der häuslichen Umgebung Grenzen aufzuzeigen, wenn ansonsten nichts anderes passiert. Britta und Falko beschäftigen Nele schwerpunktmäßig mit der Futtermäppchensuche. Dabei schafft die Hündin es, kleine ausgekochte Stofffetzen über zehn Minuten lang zu suchen, deren Geruchsbild nur noch aus Materialgeruch und dem Individualgeruch der Besitzer besteht.

Fallbeispiel Auslastung: Sina – sinnvolle Auslastung für einen überdrehten Hund

Steckbrief
Name: *Sina*
Geschlecht: *weiblich/nicht kastriert*
Rasse: *Malinois*
Alter: *sechs Monate*
Problem: *ist überdreht, nervös und ein Ball-Junkie*

Das Problem

Als Anja und Robby Staller mit ihrer sechs Monate alten Malinois-Hündin Sina zur Abklärung zu mir kommen, kann sie nicht eine Minute still stehen, ist hektisch, vollkommen orientierungslos und steht ständig unter Spannung. Der gute alte Duracell-Hase ist nichts dagegen. Während ich mit Sinas Besitzern spreche, hechelt die junge Hündin stark und fühlt sich in der Situation erkennbar unwohl. Wie Anja und Robby berichten, nehmen sie Sina mehrmals wöchentlich mit auf den Tennisplatz und lassen sie dort Tennisbälle jagen. Bereits nach kurzer Zeit ist die Hündin ausgepowert und erschöpft. Anja und Robby wollen Sina auf diesem Weg auslasten, schließlich habe sie ja einen aktiven und sportlichen Hund.

Analyse & Training

Bisher hat Sina nur das Eine gelernt: Wahllos hinter irgendetwas herzuhetzen. Dabei orientiert sie sich nicht an ihren Besitzern, sondern ist sozusagen »objektabhängig«, süchtig wie ein Junkie, der seinen Stoff braucht. Sie folgt nur dem Ball, egal wer ihn wirft. Es könnte durchaus für sie auch die Ballwurfmaschine auf dem Tennisplatz sein. Dieses stereotype Verhalten ist für einen jungen Hund nicht nur gesundheitsschädlich, sondern außerdem in höchstem Maße gefährlich, weil der Hund unter Dauerstress steht und unter anderem das Hetzen von beweglichen Objekten wie Joggern, spielenden Kindern oder Wild gefördert wird. Um diesen Teufelskreislauf zu durchbrechen und Sina zu einem normalen Hundeleben zu verhelfen, ist das Bällejagen auf dem Tennisplatz ab sofort verboten.

Damit Sina aber nicht unbeschäftigt bleibt, baue ich ein anderes Spiel auf. Anja und Robby Staller lernen, mit Sina objektbezogen zu spielen, dabei aber bestimmte Regeln von der Hündin einzufordern. Damit Sina sich diesen Regeln nicht entziehen kann, wird sie während des Spiels durch Brustgeschirr und Leine abgesichert. Mit einer Beißwurst werden diese Regeln Stück für Stück etabliert. Dazu wird die Beißwurst auf den Boden zwischen die Beine von Anja oder Robby Staller gelegt, ohne dass Sina sie nehmen darf. Erst auf ein Signal von Anja oder Robby darf Sina die Beißwurst aufnehmen und damit spielen. Im zweiten Schritt muss Sina Anja und Robby die Beißwurst hinterhertragen. Versuche, die Beißwurst an einen sicheren Ort zu bringen, um sie anschließend zu zerlegen, werden durch die Leine verhindert. Sina lernt auf diesem Weg, dass das Spiel nur dann funktioniert, wenn sie mit Anja und Robby kommuniziert und kooperiert.

Parallel dazu hat Sina das »Aus« gelernt, schließlich soll sie verstehen: je schneller ich die Beißwurst ausgebe, desto schneller geht das Spiel weiter. Schon nach kurzer Zeit beginnt Sina, immer stärker auf Anja und Robby zu achten und sich an ihnen zu orientieren. Nachdem diese Basis geschaffen ist, geht es darum, ein weiters geeignetes Auslastungsmodell für Sina zu finden. Gerade bei so aktiven Hunden ist es besonders wichtig, dass sie irgendwo »Luft ablassen« können. Dabei darf die Kommunikation mit dem Menschen aber nicht untergehen. Das als Auslastungsmodell ist daher für Sina perfekt geeignet: Sie kann sich körperlich auspowern und muss gleichzeitig auf Anja oder Robby achten. Als weitere Auslastungsvariante beginnen Anja und Robby die Arbeit mit dem Futtermäppchen. Hier muss Sina konzentriert arbeiten, ihre Nase einsetzen und ebenfalls mit ihren Besitzern kommunizieren.

Im häuslichen Bereich haben Anja und Robby den Kontakt zu Sina stark reduziert, teilweise sogar unterbunden. So wird Sina häufig auf ihre Decke geschickt oder im Haus angebunden. Das Erlernen von Formalien wie Sitz, Platz und Fuß stehen für Sina nicht an erster Stelle, denn: Nur ein ausgeglichener und zufriedener Hund wird später auch die Formalien stressfrei und gerne lernen. Durch diese Regelungen ist es gelungen, dass Sina sich wesentlich besser konzentrieren und entspannen kann – sie ist nun ansprechbar.

ÜNDE ZUM VERSTÄNDNIS

… rzei- … baut … nein- … bes- …

… Eigent- … n aller- dings etwas … e Aufmerksamkeit weckt, sei es ein anderer Hund, ein Hase oder einfach nur der nette Passant mit dem Wurstbrötchen in der Hand, ist das mit dem Zurückkommen so eine Sache. Aus diesen und vielen anderen Gründen ist der sichere Rückruf bzw. ein sicheres Abrufen eines der wichtigsten Hörzeichen, welches Ihr Hund auf jeden Fall beherrschen sollte. Ziel ist, dass Ihr Hund auf Ihr akustisches Hörzeichen hin, sofort umdreht und auf dem direkten Weg zu Ihnen kommt. Das Kommen sollte dabei fast schon ein Reflex sein. Loben Sie Ihren Hund ausgiebig, wenn er bei Ihnen angekommen ist.

Loslaufen darf er erst wieder, wenn Sie ihn freigeben, ihm quasi die Erlaubnis dazu erteilen.

Gute Gründe

Jeder Hundehalter wünscht sich einen Hund, der sich sicher und verlässlich in jeder Situation abrufen lässt. Auch wenn es natürlich keine hundertprozentige Garantie dafür gibt, dass Ihr Hund auch immer zuverlässig kommt, so ist das Trainieren des sicheren Rückrufs doch enorm wichtig. Die Gründe dafür sind vielfältig. Lässt Ihr Hund sich nicht zuverlässig abrufen, stellen Straßen, Bahngleise oder pflichtbewusste Jäger eine große Gefahrenquelle dar. Schnell kann ein Alleingang Ihres Hundes da tödlich enden. Außerdem gibt es Menschen, die Angst vor Hunden haben, oder sich einfach nur belästigt fühlen. Und es gibt natürlich auch Hunde, denen die Aufdringlichkeit eines Artgenossen unangenehm ist. In jedem Fall ist Rücksichtnahme auf die Bedürfnisse anderer und der gesamten Umwelt ein schlagendes Argument, um den sicheren Rückruf zu üben. Meiner Meinung nach lässt sich außerdem jeder Hund so gut trainieren, dass eine sehr hohe Verlässlichkeit des sichern Rückrufs erreicht werden kann. Eins ist gewiss: Es wird für Sie viel schöner und entspannter, mit Ihrem Hund den Alltag zu genießen, wenn dieser hört, wenn es notwendig ist.

Welpenbonus

Als Welpenbesitzer haben Sie es mit diesem Hörzeichen besonders leicht. Wenn Sie von Anfang an konsequent mit einer für Welpen passenden Schleppleine trainieren, bekommt Ihr Welpe gar keine Chance zu lernen, dass er Sie auch einfach stehen lassen kann. Hat Ihr Welpe im Umkehrschluss gelernt, dass es immer eine Konsequenz hat, wenn er nicht kommt, dann haben Sie schon viel erreicht und gewonnen. Den berühmten Satz: »Der ist ja noch so jung, der darf auch mal nicht kommen«, halte ich für grundlegend falsch. Bedenken Sie, dass sich dieses unerwünschte Verhalten schnell festigt und mit zunehmendem Alter immer schwerer zu korrigieren ist. Besser und leichter ist es, wenn gerade Ihr junger Hund dieses Fehlverhalten gar nicht erst kennen lernt.

Aufbau

Klassische Konditionierung

Die klassische Konditionierung ist eine Form des Lernens, in deren Verlauf ein Verhalten, das normalerweise durch einen natürlichen Reiz ausgelöst wird (wie etwa der Speichelfluss bei der Wahrnehmung von Nahrungsreizen), auch durch zuvor indifferente Reize (etwa den Klang einer Glocke oder ein Lichtsignal) hervorgerufen werden kann, wenn diese vorübergehend zeitlich eng zusammen mit dem natürlichen Reiz geboten werden (Feddersen 2004).

Erster Lernschritt: Das Abrufen fängt bei mir immer mit einer klassischen Konditionierung an. Nehmen Sie ein besonders leckeres Stück Futter in die Hand (den Verstärker) und lassen Sie Ihren Hund daran schnuppern. Ideal ist, wenn Ihr Hund mit all seiner Kraft versucht, Ihre Hand mit seiner Nase zu öffnen, um an das Futter zu kommen. Umso mehr Drang er auf das Futter hat, desto besser ist es. Wenn Ihr Hund voller Eifer an das Futter in Ihrer Hand möchte, geben Sie ein akustisches Signal (z. B. »Hier«) und überlassen ihm in diesem Moment das Futter. Ihr Hund wird so verknüpfen: »Hier« = Futter. Diese Übung wiederholen Sie bis zu dreißig Mal am Tag, über einen Zeitraum von insgesamt zwei bis drei Tagen. Beachten Sie, dass Sie das Rückrufsignal immer auch mit Signalcharakter rufen. Das bedeutet: immer mit gleicher Stimmlage und gleicher Betonung.

Rufen Sie Ihren Hund in einem motivierenden, freundlichen und trotzdem überzeugenden Ton. Wichtig ist, dass Sie sich dabei wohl fühlen und sich mit dem Rückrufsignal identifizieren können. Als großer und kräftiger Mann ist es nicht gerade authentisch, wenn Sie Ihren Hund mit einer piepsigen Frauenstimme rufen, bloß, weil Ihnen jemand erzählt hat, dass das »netter« klingt. Ihr Hund wird Ihnen das ohnehin nicht abnehmen.

Tonlage und Stimmung

Hunde reagieren stark auf die Tonlage, mit der ein Kommando gegeben wird, da Emotionen und Gefühle hier immer mitschwingen. Um Hunde aufmunternd und motivierend zu rufen, eignen sich kurze sich wiederholende Laute in einer hohen Tonlage am besten. Um Hunde zu stoppen oder um Unmut auszudrücken, ist daher eher zu lang gezogenen Lauten in einer tieferen Tonlage zu raten.

Ein leckeres Stück Futter eignet sich besonders gut, um einen Hund zu konditionieren.

2 *Lassen Sie Ihren Hund zuerst an der geschlossenen Hand schnuppern. Ideal ist, wenn er drangvoll versucht, an das Futter heranzukommen.*

3 *In dem Moment, in dem Ihr Hund besonders drangvoll an das Futter möchte, öffnen Sie Ihre Hand und geben gleichzeitig das akustische Signal »Hier«.*

Zweiter Lernschritt: Verbinden Sie nun im zweiten Lernschritt die Handlung mit dem Hörzeichen. Ziel dieses Lernschritts ist es, Ihren Hund schneller zu machen. Dazu empfehle ich Ihnen drei unterschiedliche Übungen:

Partnerübung

Für diese Übung benötigen Sie einen Trainingspartner, der Ihnen hilft. Bitten Sie ihn, den Hund festzuhalten, während Sie sich von ihm entfernen. Dabei können Sie Ihren Hund ruhig animieren, ihn freudig zum Hinterherkommen auffordern oder auch seinen Namen rufen. Nach ein paar Metern bleiben Sie stehen, drehen sich frontal zu Ihrem Hund und rufen ihn mit dem zuvor konditionierten Hörzeichen zu sich. Ihr Trainingspartner muss den Hund jetzt natürlich loslassen.

Wenn diese Übung auf kleine Distanzen gut funktioniert und Ihr Hund blitzartig zu Ihnen kommt, ohne vorher noch einen Umweg zu machen oder sich für andere Dinge zu interessieren, können Sie die Distanz langsam vergrößern. Um das Gelernte zu festigen, sollten Sie diese Übung mehrmals nacheinander wiederholen, denn: Je schneller und zuverlässiger er auf Ihr Hörzeichen reagiert, desto weniger wird er sich später von Außenreizen ablenken lassen.

Sobald Ihr Hund dann sowohl auf kleinere, als auch auf größere Distanzen zuverlässig und schnell zu Ihnen kommt, können und müssen Sie das Training abwechslungsreich gestalten, damit Ihr Hund nicht situativ lernt. Trainieren Sie auf Spaziergängen und an verschiedenen Örtlichkeiten. Auch hier sind Wiederholungen sinnvoll.

1 *Entfernen Sie sich ein kleines Stück von Ihrem Hund, während Ihr Trainingspartner ihn festhält.*

2 *Drehen Sie sich nach ein paar Metern um und rufen Sie Ihren Hund mit dem zuvor konditionierten Hörzeichen zu sich.*

Wichtig!

Ob Sie Ihren Hund für diese und die weiteren Übungen des zweiten Lernschritts durch eine Schleppleine sichern, bleibt Ihnen überlassen. Wie immer kommt es hier ganz individuell auf Ihren Hund an. Wenn Sie allerdings nur die geringsten Zweifel haben, dass Ihr Hund beim Anblick eines bestimmten Reizes wegrennen könnte, arbeiten Sie besser auf jeden Fall mit Schleppleine. Bedenken Sie außerdem, dass immer die Person, die sich von dem Hund entfernt, das Ende der Schleppleine in der Hand hält und nicht die Person, die den Hund festhält.

Rückwärtslaufen

Für diese Übung benötigen Sie keinen Trainingspartner, Sie können sie jederzeit und ganz allein mit Ihrem Hund durchführen.

Lassen Sie Ihren Vierbeiner zunächst während des Spaziergangs ein paar Meter vorlaufen. Entfernen Sie sich jetzt langsam in die andere Richtung.

Sobald Ihr Hund innehält, sich umdreht und Sie anschaut, entfernen Sie sich rückwärts laufend (Ihre Körpervorderseite ist Ihrem Hund zugewandt) und werden dabei immer schneller, um Ihren Hund zusätzlich zum Kommen zu motivieren.

Sobald er sich klar erkennbar und mit eindeutigen Absichten auf Sie zubewegt, rufen Sie seinen Namen plus das Hörzeichen, oder aber nur das Hörzeichen. Am Anfang können das lediglich ein paar Meter sein.

Lassen Sie keine Routine aufkommen, wechseln Sie auch bei dieser Übung die Örtlichkeiten.

1 *Lassen Sie Ihren Hund ein paar Meter vor sich laufen und entfernen Sie sich dabei gleichzeitig in die entgegengesetzte Richtung.*

2 *Entfernen Sie sich rückwärts laufend, sobald Ihr Hund innehält, Sie anschaut und sich zu Ihnen umdreht.*

Werden Sie jetzt rückwärts laufend immer schneller, um Ihren Hund zusätzlich zum Kommen zu motivieren. 3

Wenn klar erkennbar ist, dass Ihr Hund auf Sie zurennt, rufen Sie seinen Namen plus das Hörzeichen oder nur das Hörzeichen, z. B. »Fenja, hier« oder nur »Hier«! 4

5 *Ist Ihr Hund bei Ihnen angekommen, belohnen Sie ihn zunächst mit Ihrer Mimik, Gestik und all dem, was Sie persönlich zu bieten haben.*

6 *Direkt im Anschluss belohnen Sie Ihren Hund zusätzlich mit einem Verstärker wie Futter oder einem kurzen Spiel.*

Für ganz Hartnäckige

Haben Sie einen Hund, der sich keinen Meter freiwillig von Ihnen entfernt, gibt es trotzdem eine Möglichkeit, das Abrufen zu trainieren. Dazu müssen Sie Ihren Hund bewusst von sich wegschicken. Nehmen Sie ein Stück Futter, lassen Sie Ihren Hund daran schnuppern und werfen Sie dieses Futterstück anschließend mit tiefer Hand ein kleines Stück (ca. einen Meter) weit weg.

Während Ihr Hund sich zum Futter hin bewegt, bewegen Sie sich in die entgegengesetzte Richtung, damit zwischen Ihnen und Ihrem Hund eine gewisse Distanz entsteht. Sobald Ihr Hund das Futter gefressen hat, machen Sie ihn auf sich aufmerksam und bewegen sich rückwärts. Rufen Sie ihn aber erst dann, wenn er sich erkennbar auf Sie zubewegt.

Weitere Trainingsvariante: Lassen Sie Ihren Hund »Sitz« machen und werfen Sie das Futter ein kleines Stück (ca. einen Meter) weit weg. Ihr Hund darf jetzt aber nicht gleich hinterher, sondern er muss so lange sitzen bleiben, bis Sie ihn zu dem Futter schicken. Während Ihr Hund nach Ihrem Okay zu dem Futter rennt, entfernen Sie sich rückwärts und bringen auf diese Art Distanz zwischen sich und Ihren Hund. Der weitere Ablauf ist identisch mit der ersten Trainingsvariante »Für ganz Hartnäckige«.

Wichtig!

Verwenden Sie bei dieser Übung nicht zu kleine Futterstücke, da Ihr Hund sonst zu lange nach dem Futter suchen muss und sich von der eigentlichen Übung ablenken lässt.

1 *Nehmen Sie ein Stück Futter …*

... und machen Sie dieses für Ihren Hund interessant. 2

Werfen Sie dieses »spannende« Futterstück nun ca. einen Meter vor Ihren Hund auf den Boden und signalisieren Sie ihm, dass er hinterher darf. 3

4 *Wenn Ihr Hund sich Richtung Futter bewegt, entfernen Sie sich in die entgegengesetzte Richtung. Sobald Ihr Hund sich dann deutlich erkennbar auf Sie zubewegt, rufen Sie ihn mit Namen plus Hörzeichen oder nur mit dem Hörzeichen zu sich.*

5 *Ist Ihr Hund bei Ihnen angekommen, bestätigen Sie ihn durch Lob plus Futter oder ein kurzes Spiel.*

Dritter Lernschritt: Nicht wenige Hunde erstellen nach dem Rufen ihres Besitzers erstmal eine Kosten-Nutzen-Rechnung. Bevor sie sich fürs Kommen oder eben Nicht-Kommen entscheiden, scannen sie zunächst die Umgebung und beschließen dann, ob und auf welchem Weg sie kommen. Ziel des dritten Lernschritts ist es daher, dass Ihr Hund lernt, sich schnell umzudrehen, ohne vorher diese Kosten-Nutzen-Rechnung zu machen. Wenn Ihr Hund also bereits während des Laufens gut beschleunigt, können Sie jetzt das schnelle Umdrehen trainieren. Denn: Je schneller Ihr Hund sich umdreht, desto weniger Zeit hat er, sich anderen Dingen zuzuwenden.

Um das zu trainieren, sollten Sie zunächst noch recht dicht bei Ihrem Hund sein. Die in den vorangegangenen Übungen vergrößerte Distanz verkleinern Sie jetzt wieder. Halten Sie die Distanz so gering, dass Sie bereits in der Rückwärtsbewegung sind, wenn Ihr Hund sich zu Ihnen umdreht. In dem Moment, wo Sie Ihren Hund rufen, beginnen Sie rückwärts zu laufen. Nach und nach können Sie auch hier die Distanz wieder vergrößern und an verschiedenen Orten trainieren. Dreht Ihr Hund nicht schnell genug um, geben Sie ihm im Rückwärtslaufen kleine, nervige Impulse in Ihre Richtung. Wenn er dann bei Ihnen angekommen ist, begrüßen Sie ihn freundlich, aber nicht euphorisch, schließlich handelt es sich ja um eine Korrektur. Da Ihr Hund das Rückrufsignal zu diesem Zeitpunkt bereits gelernt hat und kennt, dürfen Sie diese Korrektur auch durchführen und ein anderes Verhalten einfordern. Diese Möglichkeit der Korrektur können Sie bei allen nachfolgenden Übungen anwenden.

Wichtig!

Wenn Sie eine Übung mit einer Korrektur abschließen, sollten Sie sie so lange wiederholen, bis die Korrektur nicht mehr notwendig ist. Erst wenn Ihr Hund eine Übung richtig ausführt, sollte er von Ihnen das »große« Lob, Freude und einen Verstärker bekommen (z.B. Futter oder ein kurzes Spiel).

Vierter Lernschritt: Wenn Sie merken, dass Ihr Hund ohne allzu große Ablenkung gut bis sehr gut abrufbar ist, kommt das Verleitungstraining (siehe *Formelle Ausbildung*, S. 49).
Gut abrufbar bedeutet, dass Ihr Hund schnell, freudig und mit viel Elan auf Sie, Ihre Motivation, Ihre Gestik, Mimik und Ihre gesamte Körpersprache reagiert. Ist das der Fall, können Sie optische, akustische und geruchliche Verleitungen aller Art einbauen.

Weitere Übungen

Dreiecksübung

Das Dreieck besteht bei dieser Übung aus Ihnen, Ihrem Hund und einer gefüllten Futterschüssel. Ihr Hund sitzt und die Futterschüssel ist auf Schleppleinendistanz (circa fünf Meter) von Ihrem Hund entfernt aufgestellt. Auf die gleiche Distanz entfernt stehen Sie. Schicken Sie Ihren Hund nun mit dem Hörzeichen »Nimm's« (das hat er ja vorher bereits gelernt) zu der Futterschüssel und lassen ihn einen Moment fressen.
Wiederholen Sie diesen Vorgang einige Male. Sobald Ihr Hund zielstrebig auf Ihr immer gleiches Signal hin zur Schüssel rennt, rufen Sie ihn ab, sobald er losgelaufen ist. Gleichzeitig gehen Sie in die Rückwärtsbewegung, um Ihren Rückruf noch zu unterstreichen. Kommt Ihr Hund sofort zu Ihnen, können Sie ihn danach dann als Belohnung zur Futterschüssel schicken. Er lernt so, dass er nur dann an die Futterschüssel kommt, wenn er auf Ihr Hörzeichen achtgibt. Wichtig ist bei dieser Übung, dass Sie erkennen, wie groß der Tatendrang Ihres Hundes ist. Wenn er bereits nach dem zweiten Abrufen zögert, überhaupt in Richtung Schüssel zu laufen, sollten Sie ihn zunächst häufiger zur Schüssel schicken, ohne ihn abzurufen. Außerdem ist es natürlich ein großer Unterschied, ob sich in der Schüssel Trockenfutter oder frischer Pansen befindet.

Denken Sie an das Schulklassen-Prinzip: Verlangen Sie von Ihrem Hund nichts, was dieser nicht imstande ist zu leisten! Leichter oder schwerer können Sie es Ihrem Hund außerdem machen, wenn Sie ihn entweder kurz nach dem Losschicken abrufen (leicht), oder aber erst kurz vor der Futterschüssel (schwer).

Das Dreieck besteht bei dieser Übung aus Ihnen, Ihrem Hund und einer gefüllten Futterschüssel. 1

2 *Schicken Sie Ihren Hund einige Male direkt zur Futterschüssel, ohne ihn dabei abzurufen. Schicken Sie ihn nach dem vierten oder fünften Mal erneut zur Futterschüssel und rufen Sie ihn kurz nach dem Loslaufen wieder ab …*

3 *… um ihn daraufhin zur Belohnung zur Futterschüssel zu schicken.*

Frontalübung

Die Frontalübung funktioniert nach dem gleichen Prinzip wie die Dreiecksübung. Allerdings ist sie ein bisschen schwerer, da es eben kein Dreieck gibt. Sie stehen bei dieser Übung direkt neben Ihrem Hund, die gefüllte Futterschüssel befindet sich wiederum eine Schleppleinendistanz von Ihnen und Ihrem Hund entfernt auf direkter Linie vor Ihnen.

Schicken Sie Ihren Hund nun einige Male zur Futterschüssel und lassen Sie ihn dann fressen. Nach einigen Wiederholungen schicken Sie ihn erneut Richtung Futterschüssel, rufen ihn dann aber, kurz nachdem er gestartet ist, wieder ab. Auch hier und bei der Spielzeugübung (siehe S. 101) gilt: Je eher Sie Ihren Hund nach dem Losschicken abrufen, desto einfacher ist es für ihn. Variieren Sie den Schwierigkeitsgrad dieser Übung, indem Sie mit unterschiedlichem Futter arbeiten. Ihr Hund wird auf Nassfutter anders reagieren, als auf Trockenfutter.

1 *Im ersten Lernschritt stehen Sie genau neben Ihrem Hund, der erst auf Ihr Signal hin zu der gefüllten Futterschüssel laufen darf.*

2 *Schicken Sie Ihren Hund nun einige Male zur Futterschüssel und lassen Sie ihn fressen.*

3 *Schicken Sie Ihren Hund jetzt erneut zur Futterschüssel. Rufen Sie ihn dann entweder unmittelbar nach dem Losschicken (leicht), oder kurz vor der Futterschüssel (schwer) ab.*

Spielzeugübung

Werfen Sie aus einem Beutespiel heraus das Spielzeug ein paar Meter weg. Rufen Sie Ihren Hund in dem Moment ab, wo das Spielzeug fliegt. Loben Sie ihn ausgiebig, wenn er sofort umdreht und zu Ihnen zurückkommt. Sofort danach schicken Sie ihn wieder los, damit er sich das Spielzeug schnappen kann. Wichtig ist, dass Sie Ihren Hund bei dieser Übung nur sporadisch abrufen, damit er den Rückruf auch weiterhin freudig und hoch motiviert ausführt. Auch hier können Sie den Schwierigkeitsgrad variieren, indem Sie unterschiedliche Spielzeuge einsetzen.

Sicherlich hat Ihr Hund ein Lieblingsspielzeug, von dem er sich tendenziell schlechter abrufen lässt, als von einem anderen.

Das sichere Abrufen können Sie natürlich nicht nur mithilfe der oben genannten Übungen trainieren, sondern auch in Ihren Alltag integrieren. Üben Sie mit Ihrem Hund überall da, wo alltägliche Ablenkung vorhanden ist: im Park, im Wald, neben Tennis- und Fußballplätzen oder neben einer Wiese mit Schafen, Pferden oder sonstigem Getier.

So wünschen wir uns den Alltag: ein entspanntes Miteinander an der Leine.

Leinenorientierung

Das, was häufig als »Leinenführigkeit« bezeichnet wird, nenne ich »Leinenorientierung«, weil es den Kern der Sache besser trifft. Ihr Hund soll nicht einfach passiv neben Ihnen herlaufen, sondern er soll sich aktiv an Ihnen orientieren.

Dabei ist es egal, ob er links oder rechts neben Ihnen läuft, er braucht lediglich einen Bezugspunkt (z. B. Ihr Knie). Gerade im Alltag ist es sogar durchaus sinnvoll, wenn Ihr Hund beidseitig laufen kann. Stellen Sie sich vor, Sie gehen durch die belebte Fußgängerzone einer Großstadt und müssen einige Male die Straßenseite wechseln. Hat Ihr Hund dann nur gelernt, auf einer Seite zu laufen, kann der gemütliche Stadtbummel schnell in Stress für Sie und Ihren Hund ausarten. Kann er jedoch auf beiden Seiten problemlos laufen, können Sie ihn immer auf der Seite führen, auf der es ruhiger und angenehmer für ihn ist, oder er kann sich die Seite in Stress- und Konfliktsituationen selbst aussuchen.

Bei der Leinenorientierung geht es mir darum, dass Ihr Hund von Ihnen eindeutige und klare Zeichen bekommt, die einen Beginn und ein Beenden der Handlung verständlich machen. Ich arbeite bei Übungen mit Halsband, in denen sich der Hund in der Bewegung aktiv an mir orientieren soll. Bei der Basisübung, in der sich der Hund im Stand ruhig neben mir aufhalten soll, arbeite ich mit Geschirr oder Halsband. Ihr Hund soll sich auf das Zeichen zur Leinenorientierung aufmerksam und freudig an Ihnen orientieren. Mein »Angehritual« besteht aus einem Klopfen auf meinen Oberschenkel, einer einladenden, nach vorne orientierten Körperbewegung und einem Hörzeichen, z. B. »Fuß« oder »Bei mir« für Leute, die Hundesport betreiben (der Hund muss dort auf dieses Hörzeichen hin links laufen).

Ihr Hund soll bei der Leinenorientierung lernen, auf einer bestimmten Höhe von Ihnen (Bezugspunkt) mitzugehen und solange dort zu bleiben, bis Sie ihm durch ein Signalwort zu verstehen geben, dass die Handlung beendet ist und er eine Belohnung verdient hat. Im Alltag wird es so sein, dass die Leinenorientierung nicht alleine trainiert wird, sondern dass sie immer wieder durch Elemente wie »Bleib«, »Platz«, usw. unterbrochen wird. Wenn Sie Ihrem Hund die Leinenorientierung beibringen, stellen Sie sich einfach vor, die Leine wäre gar nicht vorhanden. Denn nur dann werden Sie Ihr volles körpersprachliches Repertoire nutzen.

Basisübung

In der Basisübung bringen Sie Ihrem Hund bei, dass er sich bei Ihnen wohl fühlen kann und dass sein Bezugspunkt Ihr Knie ist. Lernen muss er dabei auch, dass er sich nur dann entfernen darf, wenn Sie ihn mit einem klar definierten Signal wegschicken. Die Basisübung beginnt immer dann, wenn Sie Kontakt mit Ihrem Hund haben. Rufen Sie ihn z. B. zu sich, loben Sie ihn und beginnen Sie gleich im Anschluss mit der Basisübung. Denn wenn es für Ihren Hund normal wird, sich nur dann zu entfernen, wenn er von Ihnen durch ein klares taktiles Signal im Schulterbereich plus das Hörzeichen »Lauf«, die Erlaubnis dazu bekommt, ist es für ihn sehr eindeutig und einfach zu verstehen, was Sie von ihm verlangen. Immer wenn Ihr Hund zu Ihnen kommt und Sie mir ihm kommunizieren, also Mimik, Gestik, Streicheln und Verstärker in Form von Futter einsetzen, dann erreichen Sie dadurch, dass er sich bei Ihnen wohl fühlt. Wenn Sie dies dann noch

Bei der Basisübung sollte Ihr Hund neben Ihnen stehen, sitzen oder liegen und sich dabei erkennbar wohlfühlen. Entscheidend ist, dass er sich nicht ungefragt von Ihnen entfernt.

Obwohl Donna den fremden Hund bemerkt, bleibt sie ruhig sitzen und orientiert sich an ihrer Besitzerin.

ganz gezielt an Stellen machen, an denen Sie möchten, dass sich Ihr Hund später bei der Leinenorientierung aufhält, dann bauen Sie so den Bezugspunkt auf.

Wenn sich Ihr Hund allerdings von Ihnen entfernen möchte, ohne dass Sie ihn weggeschickt haben, verhindern Sie dies durch ein Tabu-Signal und wenn es notwendig ist durch blockierende Leinenimpulse. Orientiert sich Ihr Hund wieder an Ihnen, bekommt er sofort die ganze positive Palette von Ihnen, die ihm ein angenehmes Gefühl vermittelt, wenn er bei Ihnen ist. Je stabiler Ihr Hund bei dieser Übung wird, also je mehr er versteht, was Sie sich von ihm wünschen, umso mehr schleichen Sie sich aus dem Trainingsmodus heraus und gehen in den Alltagsmodus über. Hierzu ein Beispiel: Sie loben weniger, nur noch ab und zu, tun auch mal so, als ob Sie Ihren Hund gar nicht beachten würden. Schließlich ist das im Alltag ja durchaus normal, dass Sie Ihren Hund nicht immer beachten können. Darauf sollten Sie ihn gezielt vorbereiten, indem Sie nur »so tun als ob«, ihn in Wirklichkeit aber genau beobachten. Auch das Verleitungstraining wird dann bei sicherer Ausführung ohne Ablenkung eingebaut. Ihr Hund sollte sich nach Abschluss der Basisübung gerne bei Ihnen aufhalten und sich auch bei größtmöglicher Ablenkung nicht selbstständig entfernen. Nach dieser Vorbereitung dürfte es Ihrem Hund auch nicht weiter schwer fallen, sich in der Bewegung an Ihnen zu orientieren.

Grundlegende Aufmerksamkeit an der Leine

Gleichzeitig mit der Basisübung beginne ich, an der grundlegenden Aufmerksamkeit an der Leine zu arbeiten. Dabei starte ich mit dem Schleppleinentraining, mit einer 5-Meter-Leine. Der Hund ist dabei am Brustgeschirr angeleint.

Aufbau:

Halten Sie die 5-m-Leine für diese Übung am Ende mit beiden Händen fest. Diese Art des Handlings verhindert, dass Sie Ihren Hund zu kurz halten und damit einen Dauerzug an der Leine selbst produzieren, den Ihr Hund automatisch mit Gegenzug beantworten wird. Ich animiere außerdem die Hundehalter mit der langen Leine dazu, dass sie sich viel mehr auf ihre Körpersprache verlassen und automatisch mehr agieren und mit ihrem Hund kommunizieren. Ein Festhalten ihres Hundes ist jetzt nicht mehr möglich.

Mit dem Schleppleinentraining bereiten Sie Ihren Hund auf alle Übungen der Leinenorientierung vor, die später an der kurzen Leine durchgeführt werden. Es gilt, Ihrem Hund zu vermitteln, dass er sich an Ihnen zu orientieren hat. Dies erreichen Sie, wenn Sie mit einem Angeh-Ritual (siehe S. 103) loslaufen und sich in einem zügigen Tempo fortbewegen.

Machen Sie dabei viele schnelle Richtungswechsel, bis Sie das Gefühl haben, dass Ihr Hund anfängt, sich an Ihnen zu orientieren. Bestätigen Sie ihn mit Ihrem Signalwort und anschließendem Lob. Führen Sie dann mindestens eine Minute lang die Basisübung durch, bevor Sie wieder mit einem Angeh-Ritual starten.

Bewegen Sie sich bei dieser Übung zügig und selbstbewusst, schauen Sie nicht nach Ihrem Hund, denn dieser soll ja nach Ihnen schauen und Sie beobachten – nicht umgekehrt.

Führen Sie die Richtungswechsel schnell hintereinander durch und geben Sie Ihrem Hund dadurch keine Zeit, sich mit etwas anderem zu beschäftigen. Er wird erkennen, dass es sich lohnt, Sie zu beobachten und dass er nach dem Angeh-Ritual die anderen Außenreize außer Acht zu lassen hat.

Je schneller Ihr Hund Kontakt zu Ihnen aufnimmt, desto länger werden die Strecken, auf denen Sie ihm vermitteln, dass es positiv ist, was er gerade macht. Führen Sie diese Übung zu Trainingszwecken auch in Umgebungen durch, in der lose angeordnet Hindernisse stehen, z. B. einzelne Bäume (nicht zu dicht beieinander stehend), Büsche usw. Gehen Sie auf ein Hindernis zu und biegen Sie ca. fünf Meter vor dem Hindernis in eine Richtung ab, die Sie körpersprachlich deutlich ankündigen, indem Sie Ihren Körperschwerpunkt in die entsprechende Richtung neigen. Ihr ganzer Körper und auch Ihr Blick sind nun auf diese Seite ausgerichtet. Ist Ihr Hund unaufmerksam und möchte an der anderen Seite an den Hindernissen vorbei, bleiben Sie stehen, bis er sich von selbst wieder an Ihnen orientiert. Wenn Ihr Hund diese Ausweichmanöver auf eine Distanz von fünf Metern vor dem Hindernis problemlos mitmacht und ohne Probleme mit Ihnen gemeinsam auf der Seite des Hindernisses vorbeigeht, dann verkürzen Sie den Abstand zum Hindernis, bevor Sie ein erneutes Ausweichmanöver starten. Bleiben Sie dabei mit Ihrer Körpersprache sehr deutlich. Erst wenn Sie die Ausweichmanöver auf eine kleine Distanz von ca. einem Meter problemlos mit Ihrem Hund absolvieren können, werden die körpersprachlichen Signale nach und nach subtiler. Wenn Sie sich an langer Leine so bewegen können, dass Ihr Hund aufmerksam ist und Sie beachtet, dann wird die Leine so lange gekürzt, bis Sie einen fließenden Übergang zur Orientierungsübung haben.

Longieren

Longieren eignet sich hervorragend, um die Leinenorientierung Ihres Hundes zu festigen. Der klare Aufbau macht es dem Hund leicht, sich an Ihnen zu orientieren. Ausgestattet ist Ihr Hund für diese Übung mit Halsband und Leine. Bezugspunkt ist Ihr Knie.

Das Longieren nutze ich immer, wenn ich mit unaufmerksamen Hunden zu arbeiten beginne, oder mit solchen vierbeinigen Freunden, die so an der Leine zerren, als ob sie einen Pflug ziehen müssten.

Es hat viele Vorteile, vor allem, wenn die Basisübung schon bekannt ist. Im didaktischen Aufbau kommt es bei mir gleich als dritte Übung vor. Es gibt beim Longieren klare Strukturen, die es Ihnen und Ihrem Hund vergleichsweise einfach machen, sich in der Bewegung aufeinander einzustimmen. Klare Regeln und Strukturen, die im Alltag auch in anderen Situationen vorkommen, erfordern die Beachtung Ihrer Persönlichkeit und stellen Sie in den Mittelpunkt. Durch diese Tatsache ist das Longieren als Bestandteil der formellen Ausbildung auch ein wichtiger Punkt für die Beziehungsarbeit.

Ausgangsposition: Mensch und Hund stehen sich frontal gegenüber. 1

2 *Im zweiten Trainingsschritt dreht der Hundehalter ein und geht in die Vorwärtsbewegung.*

3 *Ist der Hund aufmerksam, kommt Kommunikation zwischen Mensch und Hund zustande. Gaby und Kessy schauen sich tief in die Augen, die Verbindung ist intakt.*

Regeln beim Longieren:

Der Longierkreis, der mit Hilfe von Zeltheringen und Absperrband aufgebaut wird, symbolisiert klare Bereiche, in denen sich Ihr Hund aufhalten darf und außerdem solche, die für ihn tabu sind. Der innere Bereich des Kreises ist für Ihren Hund »tabu«. Durch das Im-Kreis-Laufen kann Ihr Hund nicht einfach geradeaus stürmen. Es ist ihm untersagt, am Boden zu schnüffeln, weil dies verhindern würde, dass er sich an Ihnen orientiert.

Dazu ein Beispiel: Stellen Sie sich vor, Sie gehen mit Ihrem Hund durch die Fußgängerzone und es liegen immer wieder Bratwurststückchen und andere Essensreste auf dem Boden. Wie schwer würde es Ihnen da fallen, Ihren Hund auf sich zu fixieren.

Locken Sie Ihren Hund nicht mit Futter, damit er Sie beachtet, sondern bewegen Sie sich mit einladender und selbstbewusster Körpersprache solange fort, bis Ihr Hund Kontakt zu Ihnen aufnimmt. Bestätigen Sie diese Kontaktaufnahme umgehend durch Lob und Futter. Durch das Tabuisieren des »In-den-Kreis-Laufens« bei dem Versuch Ihres Hundes, den Kreis zu betreten, haben Sie die Möglichkeit, einen schnellen Wechsel von Tabu (Korrektur) und Lob (wenn Ihr Hund auf Sie und Ihr Tabu-Signal reagiert) auszuführen und damit klar und deutlich mit Ihrem Hund zu kommunizieren. Durch das Absperrband ist es auch für Sie ganz eindeutig, zu welchem Zeitpunkt ein Lob und zu welchem ein Tabu angesagt ist.

Aufbau

Der Longierkreis sollte einen Durchmesser von mindestens vier Metern haben (beim Longieren als Auslastungsmodell muss ein größerer Durchmesser vorhanden sein, siehe »Longieren als Auslastungsmodell«, S. 65f). Für den Aufbau reichen vorerst einige Zeltheringe, die Sie mit Absperrband verbinden.

Erster Lernschritt: Ihr Hund steht außerhalb des Kreises, Sie stehen innerhalb, Ihrem Hund frontal gegenüber. Achten Sie darauf, dass Ihr Hund den Kreis nicht betritt. Wenn er es doch versucht, schicken Sie ihn laut- und körpersprachlich deutlich wieder hinaus. Sobald er den Kreis wieder verlassen hat, ist alles gut.

Zweiter Lernschritt: Drehen Sie Ihren Körper nun um neunzig Grad ein, so dass Ihr Hund jetzt an Ihrer Körperseite neben Ihnen steht, und gehen Sie zügig los. Halten Sie die Leine dabei immer mit der äußeren Hand und unterbinden Sie jedes Schnüffeln Ihres Hundes, indem Sie ihn mit kleinen Leinenimpulsen regelrecht nerven. Sobald Ihr Hund mit Ihnen Kontakt aufnimmt, Sie also anschaut, wird er von Ihnen sofort durch ein Lob bestätigt. Dazu drehen Sie wieder um neunzig Grad ein, so dass Sie Ihrem Hund erneut frontal gegenüberstehen. Umso aufmerksamer Ihr Hund ist, desto länger können Sie die Strecken ausdehnen, die Ihr Hund neben Ihnen herläuft. Wichtig ist, dass Sie Ihren Hund nicht locken, sondern dass Sie vielmehr auf seine Kommunikation mit Lob und Zuwendung reagieren und darauf antworten. Ihr Hund wird lernen, dass es sich lohnt, sich an Ihnen zu orientieren und wird so dieses Verhalten im Alltag immer häufiger zeigen.

Dritter Lernschritt: Longieren Sie zuerst in reizarmer Umgebung, später dann natürlich auch mit unterschiedlichen Ablenkungen wie Futter, Spielzeug oder anderen Hunden.
Als unterstützende Übung für die Leinenorientierung bleibt das Longieren hier in seinen Anfängen verhaftet (siehe »Longieren als Auslastungsmodell«, S. 65f).

Orientierungsübung

Auch für diese Übung ist Ihr Hund mit Halsband und Leine ausgestattet. Ziel ist, dass sich Ihr Hund nah bei Ihnen wohl fühlt und sich gerne an Ihnen orientiert. Bezugspunkt ist auch hier Ihr Knie. Die Orientierungsübung wird bei mir im didaktischen Aufbau entweder gleichzeitig mit dem Longieren vermittelt, oder bei besonders unaufmerksamen Hunden erst im Anschluss an das Longieren, weil dies durch die genannten Gründe leichter zu vermitteln ist. Bei der Orientierungsübung kommt erschwerend hinzu, dass Sie nun nicht mehr ausschließlich in eine vorgegebene Richtung gehen, sondern ausschließlich mit Ihrer Körpersprache arbeiten, ohne sich dabei auf Ihre Hände oder Arme zu verlassen.
Beobachten Sie Ihren Hund, wenn Sie mit Ihrer Körperhaltung experimentieren, wenn Sie Ihren Körper einladend nach vorne bewegen, wenn Sie eine Richtungsänderung vorhaben oder Ihrem Hund signalisieren »wir gehen nach rechts«, indem Sie den Körperschwerpunkt schon kurz vorher nach rechts bringen. Variieren Sie auch mit dem Tempo. Gehen Sie anfangs flott, weil es Ihrem Hund dann leichter fallen wird, sich auf Sie zu konzentrieren. Sobald Sie merken, dass Ihr Hund von Ihnen abweichen möchte oder unaufmerksam wird, führen Sie einen Richtungswechsel durch, den Sie zuvor nur leicht durch eine Körperneigung ankündigen. Auf diese Art lernt Ihr Hund, dass es für ihn positiv ist, wenn er sich auf Sie konzentriert und Ihre Körpersprache beachtet.

Aufbau:

Erster Lernschritt: Sie stehen neben Ihrem Hund, Ihre Hände berühren sich in der Mitte vor Ihrem Körper. Die Leine ist dabei lang und fungiert als verlängerter Arm. Signalisieren Sie Ihrem Hund den Beginn der Leinenführigkeit mit einem optischen und einem akustischen Signal (»Angeh-Ritual«). Klopfen Sie sich beispielsweise ans Bein und sagen Sie gleichzeitig »Fuß« oder »Bei mir«. Achten Sie darauf, dass die Leine nicht auf dem Boden schleift. Zusätzlich sollte Ihre Körperbewegung einladend sein (z. B. ein leichtes Vorbeugen des Oberkörpers) und Ihren Hund zum Losgehen animieren. Wenn Ihr Hund am Boden schnüffelt oder sich anderweitig interessiert, drehen Sie einfach um und wechseln die Richtung.
Dabei ist weder ein Leinenruck, noch ein Leinenimpuls nötig. Besonders wichtig ist hier das Timing. Achten Sie darauf, dass der Richtungswechsel immer schon zu Beginn des Fehlverhaltens Ihres Hundes stattfindet und nicht erst dann, wenn er schon in der Leine hängt.

Zweiter Lernschritt: Je aufmerksamer Ihr Hund ist, desto länger werden auch bei dieser Übung die Strecken. Beobachten Sie Ihren Hund genau, dann werden Sie auch immer schneller erkennen, wann er sich verliert oder sich anderen Dingen widmet. Trainieren Sie wie auch beim Longieren zunächst in reizarmer Umgebung, später dann mit verschiedenen Ablenkungen, wie Futter, Spielzeug und anderen Hunden. Ziel ist, dass Sie mit Ihrem Hund ungehindert gehen können und dass dieser immer aufmerksam und auf Kniehöhe neben Ihnen geht. Signalisieren Sie Ihrem Hund deutlich, wenn Sie eine Übung beenden möchten. Nutzen Sie dafür Ihr zuvor etabliertes Freigabe-Signal.

Sie stehen neben Ihrem Hund, Ihre Hände berühren sich in der Mitte vor Ihrem Körper. Nun signalisieren Sie Ihrem Hund optisch (durch Klopfen auf den Oberschenkel) als auch akustisch (z. B: »Gut« oder »Auf«), dass es jetzt losgeht.

Gehen Sie mit Ihrem Hund jetzt zügig voran und achten Sie auf Ihre Körpersprache.

Ist Ihr Hund unaufmerksam, führen Sie Richtungswechsel durch. Kündigen Sie diese durch Körperneigungen an.

Wenn Ihr Hund sich gut an der Leine orientiert, können Sie diverse Verleitungen in das Training integrieren. Sie müssen allerdings damit rechnen, dass Sie nun erneut in ganz kleinen Schritten arbeiten müssen. Beobachten Sie Ihren Hund genau, dann werden Sie schnell merken, auf welche Verleitungen er stark reagiert und können dann entsprechend handeln.

Aufbau:

Denken Sie sich zunächst eine gerade Linie, auf der Sie mit Ihrem Hund entlanggehen. Gehen Sie nun ein Stück geradeaus. Halten Sie die Leine links, wenn Ihr Hund rechts geht. Wenn Sie nun eine Wendung auf der Achse machen möchten, geben Sie Ihrem Hund einen kurzen Leinenimpuls nach hinten, drehen sich gegen ihn ein und beschreiten einen Halbkreis, so dass Sie nach ein paar Schritten wieder auf der gedachten Linie landen. Leinenimpulse sind leichte taktile Signale, die mit zwei bis drei Fingern ausgeführt werden. Es sind keine Korrekturen. Drehen Sie beim Drehen zuerst die Schulter nach hinten, um Ihrem Hund zu signalisieren, dass er auf der vorgegebenen Seite bleiben soll. Bei dieser Übung ist Ihre Körperdynamik besonders wichtig: Bewegen Sie sich zügig und drehen Sie auch zügig ein, damit Ihr Hund keine Zeit hat, über andere Sachen nachzudenken.

Wenn Ihr Hund diese Übung sicher beherrscht und sich auf der gedachten Achse gut an Ihnen orientiert, können Sie diverse Verleitungen einbauen.

Achsenübung

Ziel dieser Übung ist, dass Ihr Hund dicht neben Ihnen geht, egal auf welcher Seite. Letztendlich soll er sich ohne jegliche Hilfestellung an Ihnen orientieren, um in jeder Situation schnell auf Sie reagieren zu können. Diese vier Übungen (Basisübung, grundlegende Aufmerksamkeit an der Schleppleine, Longieren und Orientierungsübung) stellen bei mir im Verbund mit dem sofortigen Belohnen, wenn sich Ihr Hund zufällig an einer erwünschten Position (Bezugspunkt) befindet, das Grundgerüst der Leinenorientierung dar.

Die nächsten drei Übungen führe ich erst dann ein, wenn schon eine gute Grundorientierung erreicht ist. Dabei beginne ich mit einer Übung, bei der Sie sich vorstellen, auf einer Achse zu gehen und die Richtungsänderungen so durchzuführen, dass Ihr Hund genau am Bezugspunkt bleibt. Drehen Sie sich dabei immer auf die Seite, auf der sich Ihr Hund befindet, ohne dass dieser seine Position verlässt. Ich möchte Ihnen mit dieser Übung ermöglichen, in beengten Situationen so zu reagieren, dass Sie selbst hier für Ihren Hund souverän sind, um ihm auch unter schweren Bedingungen klare Signale geben zu können, die es ihm ermöglichen, sich an Ihnen zu orientieren. Die taktilen Signale, die Sie anfangs bei dieser Übung ausführen, erleichtern Ihrem Hund, Ihre anderen körpersprachlichen Signale zu verstehen und diese enge Wendung mitzumachen, ohne dabei den Kontakt zu Ihnen zu verlieren.

Taktile Signale

Als taktile Signale bezeichnet man die Signale, die Sie Ihrem Hund durch bestimmte Berührungen vermitteln. Streicheln Sie z. B. Ihren Hund, beruhigen Sie ihn durch Ihre Berührungen.

1

Denken Sie sich eine gerade Linie, auf der Sie mit Ihrem Hund entlanggehen. Halten Sie die Leine dabei lediglich mit einer Hand, umklammern Sie sie auf keinen Fall mit beiden Händen.

❷

3 4

Möchten Sie eine Wendung auf der gedachten Linie durchführen, geben Sie Ihrem Hund einen kurzen Leinenimpuls nach hinten (2). Drehen Sie sich gegen ihn ein (3), so dass Sie wieder auf der gedachten Linie landen (4).

1

Beim Tanzen geht es nicht um Kraft, sondern um leichte und flüssige Bewegungen.

2

Mit minimalen Körperhilfen wird der Hund beim Tanzen geradezu »dirigiert«.

3

Viele schnelle Richtungswechsel mit einem »Schwingen in den Hund hinein«, kündigen eine Richtungsänderung an.

4

Nach solch einem »beschwingten« Richtungswechsel geht es wieder von vorne los.

Tanzen

Beim Tanzen geht es nicht um Kraft, Härte oder darum, den Hund in eine bestimmte Richtung zu zwingen. Mit dem Hund zu tanzen bedeutet: viele schnelle Richtungswechsel, verbunden mit deutlichen Körperbewegungen.

Die Richtungswechsel sind wie ein Schwingen in den Hund hinein, damit dieser jede Richtungsänderung mitmacht. Das Schwingen wird anfangs mit deutlichen Körperhilfen ausgeführt, die immer subtiler werden, je besser Ihr Hund sich auf Sie einstellt.
Ziel dieser Übung ist es, dass alle Bewegungen weich und flussig sind und mit minimalen Körperhilfen, scheinbar schwerelos ausgeführt werden. Egal, wohin Sie sich bewegen, Ihr Hund sollte bei Ihnen sein. Wenn Ihr Hund mitmacht, loben Sie ihn. Wenn nicht, korrigieren Sie ihn durch kleine Leinenimpulse in die jeweilige Richtung, die ihn nur nerven sollen, damit er sich im nächsten Moment wieder auf Sie konzentriert. Geben Sie Ihre Signale so, dass Ihr Hund die Seite frei wählen kann. Sie überprüfen mit dieser Übung, wie weit Ihr Hund sich schon auf Sie eingestellt hat.

Gassenübung

Die letzte Übung ist speziell für die Hunde, die sich an der Leine aggressiv verhalten, wenn sie auf andere Hunde oder auch Menschen treffen. Durch die Gassenübung können Sie Ihrem Hund beibringen, dass Sie keine Aggression dulden, wenn Sie dabei sind. Bevor Sie Ihren Hund in einer Konfliktsituation mit Ihrem Körper korrigieren, indem Sie ihn bedrängen, muss gewährleistet sein, dass ohne den Konfliktauslöser eine gute bis sehr gute Leinenorientierung vorhanden ist. Auch sollte ein Tabu in jeder Situation von Ihrem Hund akzeptiert werden.

Dann beginnen Sie auch mit dem späteren Werkzeug zur Beseitigung der Leinenaggression – der Gassenübung – im entspannten Umfeld. Wichtig ist, dass Sie mit Ihrem Hund in einer stressfreien Situation gut kommunizieren können, damit Sie in einer konfliktreichen auf einer bestehenden Kommunikationsbasis aufbauen können. Denn nichts anderes ist die Gassenübung letztendlich: sie signalisiert zu Beginn eines Fehlverhaltens, dass Sie dies nicht dulden. Dies zeigen Sie dem Hund, indem Sie ihn körpersprachlich bedrängen und er zurückweichen muss. Sobald er darauf reagiert, laden Sie ihn mit einer freundlichen und offenen Geste ein, sich wieder an Ihnen zu orientieren. Schließlich sind Sie es, der die Konflikte löst und Probleme behebt. Vermitteln Sie Ihrem Hund die Sicherheit, dass er nicht aggressiv reagieren muss, weil Sie die Situation ja für ihn regeln.

Beim Aufbau der Gassenübung stellen Sie sich vor, dass Sie mit Ihrem angeleinten Hund rückwärts durch eine Gasse gehen (Sie gehen rückwärts, Ihr Hund folgt Ihnen), dann lassen Sie etwas fallen, was für Ihren Hund attraktiv ist (Futter, Spielzeug). Wenn Ihr Hund an die Verleitung ran möchte, gehen Sie ihm mit einem Tabu-Signal entgegen und bedrängen ihn, so dass er Ihnen ausweichen muss und von der Verleitung ablässt. Dann ermuntern Sie ihn und laden ihn mit einem Angeh-Ritual ein, Ihnen wieder zu folgen. Wenn ihn die Verleitung dann nicht mehr interessiert, loben Sie ihn überschwänglich und zeigen ihm, wie stolz Sie auf ihn sind. Ihr Hund spürt das, was Sie empfinden. Steigern Sie die Verleitungen nach dem Schulklassensystem. Am Ende steht dann wieder die größte Verleitung bzw. der Auslöser für das Aggressionsverhalten.

Bleib

Eines der wichtigsten Hörzeichen in der Hundeausbildung ist das »Bleib«. Das Ziel dieses Hörzeichens ist, dass Ihr Hund nach dem gegebenen Hörzeichen an Ort und Stelle bleibt. Besonders für den Alltag ist das sehr wichtig, mitunter auch lebensrettend. Unwichtig ist dabei, ob Ihr Hund, während er das »Bleib« ausführt, steht, sitzt oder liegt. Gerade kurzhaarige Hunde und Hunde mit wenig Unterwolle, legen sich im Winter bei Schnee und Kälte nicht gerne hin. Das »Bleib« ist also ein Hörzeichen, bei dem Ihr Hund die Position frei wählen kann.

Aufbau:

Im ersten Lernschritt stehen Sie Ihrem angeleinten Hund gegenüber, damit dieser nicht die Möglichkeit hat, sich zurückzuschleichen, um sich somit Ihrer Einwirkung zu entziehen. Nun folgt das akustische Hörzeichen »Bleib«, gleichzeitig strecken Sie

Aufbau Fortsetzung

Ihrem Hund die gespreizte Hand (die Handinnenfläche sollte dabei Richtung Hund zeigen) entgegen, um das akustische Hörzeichen durch eine körperliche Geste zu unterstreichen. Bevor Sie sich langsam entfernen, zunächst nur einen Schritt, legen Sie eine kurze Pause ein. Wichtig ist, dass Sie auf jeden Fall rückwärtsgehen, damit Sie Ihrem Hund sofort entgegengehen können, wenn er versucht, Ihnen nachzulaufen. Bevor Sie jetzt zu Ihrem Hund zurückgehen, legen Sie erneut eine kurze Pause ein. Erst dann gehen Sie zu ihm zurück, stellen sich neben ihn und machen wieder eine kurze Pause. Jetzt loben Sie Ihren Hund und geben ihm ein Stück Futter. Holen Sie das Futter aber erst aus der Tasche, wenn Sie wieder bei ihm angekommen sind und eine kurze Pause gemacht haben, nicht schon auf dem Rückweg.

Funktioniert dieser erste Lernschritt gut, können Sie die Zeit, die Ihr Hund bleiben soll, Stück für Stück verlängern. Wenn Ihr Hund in der Lage ist, ein bis zwei Minuten stabil und einigermaßen entspannt zu bleiben, können Sie auch die Distanz Stück für Stück ausbauen.

Wichtig!

Bleiben Sie gerade in der Trainingsphase des ersten Lernschritts nah bei Ihrem Hund, so dass Sie ihm immer schnell entgegengehen können, wenn er sich von seinem zugewiesenen Platz entfernen möchte.
Sollte er es doch schaffen, Ihnen einfach hinterherzulaufen, markieren Sie das Entfernen von dem Platz, an dem Ihr Hund verweilen sollte, durch ein Tabu-Signal.
Gehen Sie ihm forsch entgegen, damit er weiß, dass Sie unzufrieden sind. Bringen Sie ihn dann zu seinem ursprünglichen Verweil-Platz zurück. Geben Sie ihm anschließend in gewohnter Weise das Hörzeichen »Bleib«.

Im zweiten Lernschritt fahren Sie bewusst zweigleisig. Einerseits trainieren Sie mit Ihrem Hund in einer entspannten Umgebung ohne viel Ablenkung und bauen dort die Strecken Schritt für Schritt aus: mal länger, mal kürzer. Das Trainingsziel haben Sie erreicht, wenn Ihr Hund in einer Entfernung von circa fünfzehn Metern zuverlässig dort bleibt, wo Sie ihn »geparkt« haben. Parallel dazu trainieren Sie das »Bleib« über kleine Distanzen, dafür aber mit

unterschiedlich viel Ablenkung. An dieser Stelle sollten Sie überlegen, was für Ihren Hund überhaupt eine Ablenkung darstellt. Ablenkung wird auch hier wie immer im Verleitungstraining nach dem Schulklassensystem gesteigert. Für den einen Hund sind es Futterverleitungen, für den anderen sind andere Hunde oder Menschen perfekt als Ablenkung geeignet.
Ignoriert Ihr Hund das »Bleib« und steht einfach auf, ist sofortiges Handeln gefragt. Bewegen Sie sich schnell frontal auf den Hund zu und machen Sie ihm mit ausgestrecktem Arm deutlich: Stopp, auch hier gilt unsere Vereinbarung. Erst wenn Ihr Hund diese Trainingsvariante zuverlässig ausführt, können Sie auch hier die Distanzen Stück für Stück vergrößern. Im zweiten Lernschritt wird Ihr Hund also so vorbereitet, dass er am Ende zuverlässig bleibt, egal, wie lange er abgelenkt wird oder wie groß die Ablenkung ist, wenn er Sie dabei noch sieht. Erst dann wird ihm der für den Alltag so wichtige Teil der Bleib-Übung beigebracht: Das Bleiben, wenn Ihr Hund Sie nicht mehr sieht.

Im dritten Lernschritt trainieren Sie also, dass Ihr Hund auch dann bleibt, wenn er Sie nicht mehr sehen kann. Auch hier fangen Sie wieder klein an. Verstecken Sie sich beispielsweise auf dem täglichen Spaziergang hinter einem Baum. Zu Beginn reichen ein bis zwei Sekunden schon aus. Danach können Sie den Schwierigkeitsgrad Schritt für Schritt erhöhen. Es ist dann von der Vorgehensweise her sinnvoll, dass Sie sich zu Beginn des Trainings nur eine kurze Distanz entfernen, damit Sie Ihrem Hund eine Sicherheit garantieren, weil Sie ihn für das kurze »Außer-Sicht-Gehen« verunsichern könnten. Dann bauen Sie die Zeit, die Sie bei der kurzen Distanz außer Sicht sind, langsam aus. Erst wenn Ihr Hund sicher und zuverlässig bleibt, beginnen Sie mit dem in Lernschritt zwei beschriebenen zweigleisigen Training zum Distanzaufbau bzw. zum Verleitungstraining.

Wichtig!

Rufen Sie Ihren Hund nicht aus dem »Bleib« ab, sondern gehen Sie immer zu ihm zurück, bevor Sie ihn freigeben oder etwas anderes mit ihm machen. Ansonsten besteht die Gefahr, dass Ihr Hund sprichwörtlich »auf heißen Kohlen« sitzt, wenn Sie das »Bleib« einfordern, weil er nur darauf wartet, endlich loszurennen.

1

Sie stehen Ihrem angeleinten Hund gegenüber, damit dieser sich Ihnen nicht entziehen kann.

2

Jetzt folgt das akustische Signal »Bleib«, gleichzeitig strecken Sie Ihrem Hund die gespreizte Hand entgegen.

3

Entfernen Sie sich langsam von Ihrem Hund …

4

… und legen Sie dann eine kurze Pause ein.

Gehen Sie nun zu Ihrem Hund zurück. Legen Sie eine weitere kurze Pause ein …

5

… und bestätigen Sie ihn dann mit Futter.

6

Trainieren Sie das »Bleib« auch unter Ablenkung und an verschiedenen Orten.

Sitz

Das »Sitz« gehört ebenfalls zu den Formalien, die Ihnen im Alltag sehr nützliche und wertvolle Dienste leisten können. Nicht nur, dass es in nahezu jeder Prüfung überprüft wird, sollten Sie so etwas mit Ihrem Hund anstreben. Es ist außerdem ein Hörzeichen, das für Ihren Hund recht einfach zu lernen ist und durch den meist schnellen Erfolg auch sehr gerne ausgeführt wird. Durch die Sicherheit in der Ausführung dieses Hörzeichens können Sie Ihrem Hund auch in konfliktgeladenen Momenten oder hektischen Alltagssituationen ein ganzes Stück Sicherheit vermitteln. Nicht selten gibt es Passanten, die eventuell Angst vor Ihrem Hund haben und dann ein sicheres Gefühl bekommen, wenn Sie merken, dass Sie Ihren Hund »im Griff« haben. Ein einfaches »Sitz« kann da schon Wunder wirken. Der Aufbau beginnt wie immer in reizarmer Umgebung. Zunächst ist es wichtig, dass Ihr Hund den Bewegungsablauf versteht, den er bei dem optischen oder akustischen Signal »Sitz« ausführen soll. Für mich gibt es zwei Trainingsvarianten, um einem Hund das »Sitz« beizubringen. Beide werden von mir in der Regel parallel eingeführt.

Sitz-Variante eins

Nutzen Sie bei der ersten Trainingsvariante das Zufallsprinzip und warten Sie so lange, bis Sie merken, dass Ihr Hund sich gleich setzen wird. Geben Sie in die Handlung hinein das Sicht- und Hörzeichen für »Sitz«. Führen Sie Ihre Hand dafür senkrecht nach oben, ungefähr bis auf Brusthöhe. Hat Ihr Hund die gewünschte Position eingenommen, folgt sofort das Signalwort, damit Ihr Hund weiß, dass er etwas richtig gemacht hat und sich nun eine Belohnung verdient hat. Bei dieser Variante nutze ich die sogenannte »Operante Konditionierung«. Das ist prinzipiell natürlich auch bei jedem anderen Hörzeichen möglich, ich setze es allerdings vorwiegend bei dem Hörzeichen »Platz« und der »Leinenorientierung« ein. Sobald Sie merken, dass Ihr Hund das »Sitz« immer häufiger von selbst ausführt, weil er merkt, dass er dadurch einen Vorteil hat (soziale Beachtung und den Erhalt eines für ihn wichtigen Verstärkers), verlagern Sie das Timing Ihrer Signale und belohnen Ihren Hund nur noch dann, wenn er durch Ihre Signale zum »Sitz« angeregt wird. Das bedeutet, Ihre Signale kommen jetzt immer später und als Endziel noch bevor Ihr Hund die Handlung von selbst ausführen möchte.

Operante Konditionierung

Die »Operante Konditionierung« bezeichnet das Lernen durch Versuch und Irrtum. Im Gegensatz zur klassischen Konditionierung, wo die Verbindung zwischen zwei Reizen gelernt wird, wird bei der operanten Konditionierung zwischen einem Reiz oder Stimulus (S) und einer Reaktion (R) gelernt.
Durch Versuch und Irrtum vollzieht sich das Erlernen der S-R-Verbindung allmählich und automatisch, da Verhaltensweisen, die befriedigende Konsequenzen haben, in ihrer Häufigkeit zunehmen, während Verhaltensweisen ohne oder mit negativen Konsequenzen in ihrer Häufigkeit abnehmen.

Sitz-Variante zwei

Animieren Sie Ihren Hund bei der zweiten Trainingsvariante mit Ihrer Körpersprache, damit er neugierig darauf wird, was Sie vorhaben. Amüsieren Sie sich z. B. mit einem Futterbrocken, den Sie in der Hand halten und suggerieren Sie ihm damit, dass dieses Futter unheimlich wichtig für Sie ist. Haben Sie dann seine volle Aufmerksamkeit und sein gesamtes Interesse, führen Sie Ihre Hand langsam über seinen Kopf, bis er sich setzt. Das Hörzeichen geben Sie zu diesem Zeitpunkt noch nicht. Wenn Ihr Hund aktiv wird und z. B. an Ihnen hochspringen sollte, um an das geheimnisvolle Futter zu gelangen, ignorieren Sie dieses Verhalten, denn er weiß ja noch nicht, was Sie sich von ihm wollen.

Bleiben Sie ganz ruhig und warten Sie, bis Ihr Hund sich setzt. Dies wird in der Regel recht schnell gehen, denn durch die Verlagerung des Körperschwerpunktes ist es für ihn einfach angenehmer, wenn er sich hinsetzt. Hat er die Sitz-Position eingenommen, folgt sofort das Signalwort. Wenn Sie merken, dass Ihr Hund sich auf das optische Zeichen setzt, geben Sie das akustische Zeichen den Bruchteil einer Sekunde vor dem Sichtzeichen. Der Grund hierfür ist, dass Ihrem Hund die nonverbale Kommunikation leichter fällt, als die verbale. Trotzdem ist es wichtig, dass Ihr Hund auf beide Zeichen reagiert, z. B. dann, wenn gerade kein Sichtkontakt zwischen Ihnen und Ihrem Hund besteht. In solch einem Fall ist er darauf angewiesen, auf Ihre gesprochenen Worte zu reagieren. Den folgenden Trainingsverlauf sollten Sie nun für beide Trainingsvarianten identisch gestalten.

Wenn Sie Ihrem Hund die Position »Sitz« beigebracht haben, arbeiten Sie nun am Ausbau der Zeit. Das Ziel ist, dass Ihr Hund solange sitzen bleibt, bis er von Ihnen mit einem Freigabesignal die Erlaubnis erhält, aufzustehen. Sie beginnen damit, dass Sie das Signalwort für »Sitz« nicht sofort geben, wenn Ihr Hund die Sitz-Position eingenommen hat. Er bekommt ein positives Feedback von Ihnen, welches ihm die Sicherheit gibt, dass er gerade etwas Gutes tut. Das Signalwort für »Sitz« geben Sie ihm erst einen Moment später. Die Zeit, bis das Signalwort kommt, wird jetzt in unregelmäßigen Abständen immer etwas länger. Steht Ihr Hund vor dem Signalwort auf, machen Sie ihm durch Ihre Körper- und Lautsprache klar, dass Sie mit seiner Handlung unzufrieden sind. Anschließend sind Sie aber sofort wieder freundlich und animieren ihn erneut dazu, die Sitz-Position einzunehmen. Dieser Lernschritt sollte so lange durchgeführt werden, bis Ihr Hund ca. zwei Minuten sicher sitzen kann, wenn Sie bei ihm sind. Im weiteren Trainingsverlauf verfahren Sie, wie Sie es gerade beim vorherigen Hörzeichen »Bleib« gelesen haben.

Vorteile des »Sitz«

Gerade in der Öffentlichkeit kann ein zuverlässiges Sitz sehr wichtig sein. Ein sitzender Hund wird von vielen Menschen als »gut erzogen« bewertet und nimmt ihnen Angst und Unsicherheit.

Am Anfang dürfen wir gerne auf einer angenehmen Höhe für unsere Hunde arbeiten.

Ein entspanntes »Sitz«, auch wenn Frauchen nicht mehr zu sehen ist.

Tabu

Ein Tabu können und müssen Sie in unterschiedlichen Lebenslagen trainieren und einbauen. Ihr Hund unterscheidet nicht zwischen Sonntag und Montag, also zwischen Ruhe- und Arbeitstag. Er lebt im Hier und Jetzt, jeden Tag. Daher gibt es auch nicht heute »ein bisschen Nein« und morgen ein »bisschen mehr Nein«! Ein Tabu sollten Sie immer schnell, sofort und mit eindeutiger Aussage vermitteln.

Sofortige Verhaltensunterbrechung

Das Tabu ist eine Verhaltensunterbrechung. Immer wenn Ihr Hund beginnt, eine unerwünschte Handlung zu zeigen, wird diese durch das Tabu-Wort unterbrochen, noch bevor Ihr Hund die Handlung durchführen kann. Wenn Ihr Hund beispielsweise ein Stück Fleisch fressen möchte, kommt das Tabu bzw. das Tabu-Wort, noch bevor er das Fleisch wirklich fressen kann. Welches Wort Sie dafür auswählen, ist Ihnen überlassen. Es kann ein »Nein«, ein »Pfui« oder ein anderes Wort sein. Sinn und Zweck dieses Hörzeichens ist es, dass Sie ein Verhalten Ihres Hundes, was Sie absolut nicht haben möchten, rechtzeitig unterbrechen können.

Der wichtigste Merksatz, den Sie im Zusammenhang mit dem Tabu verinnerlichen sollten, lautet: Ein Nein steht nie allein! Konkret bedeutet das, dass Sie Ihrem Hund nach einem ausgesprochenen Tabu immer ein Alternativverhalten anbieten sollten. Möchte Ihr Hund beispielsweise Unrat, Müll oder gar menschliche Exkremente fressen, muss nach dem erfolgten Tabu sofort ein anderes Angebot erfolgen, eine Alternative für sein Tun. Rufen Sie ihn freundlich zu sich und loben Sie ihn ausgiebig, oder spielen Sie kurz mit ihm.

Sinn der Sache ist, dass Sie Ihrem Hund nicht nur zeigen, was Sie nicht wollen, sondern auch bzw. gerade, was Sie wollen. Mit solchen Alternativangeboten geben Sie Ihrem Hund Sicherheit und somit auch Vertrauen in Ihre Person.

Trainingsvarianten

Ihr Hund sitzt angeleint vor Ihnen. Jetzt legen Sie immer ein oder mehrere Futterstücke auf den Boden vor Ihren Hund, der diese auf Ihr akustisches Signal hin (»Nimm's«) auch ungehindert nehmen und fressen darf. Dieses Procedere wiederholen Sie einige Male. Dann legen Sie wieder ein Stück Futter auf den Boden und lassen das akustische Signal »Nimm's« weg. Da Ihr Hund mit großer Wahrscheinlichkeit trotzdem versuchen wird, das Futter zu fressen, kommt jetzt sofort das akustische Hörzeichen »Nein«, gekoppelt mit einer sehr dynamischen Handbewegung zwischen Hund und Futter, wobei die offene Hand schnell in Richtung Hund geht. Bei sehr stürmischen Hunden kann es hier rasch zu einem Körperkontakt zwischen Ihnen und Ihrem Hund kommen, den Sie mit einer kleinen körperlichen Einwirkung (z. B. einem leichten Klaps auf die Schnauze) beantworten sollten. Sobald Ihr Hund von seinem Vorhaben ablässt und Sie stattdessen fragend anschaut, strahlen Sie ihn an und sagen »Nimm's«, um ihm zu signalisieren, dass er das Futter jetzt nehmen darf. Diese Übung wiederholen Sie an verschiedenen Orten und in verschiedenen Situationen.

Eine weitere Trainingsvariante: Sie sind draußen mit Ihrem Hund unterwegs und sehen, dass er ein Stück von Ihnen entfernt etwas fressen möchte, beispielsweise ein Tempotaschentuch. Wenn das »Nein« bei Ihrem Hund noch nicht zuverlässig aufgebaut und gefestigt ist, sollten Sie sich jetzt lieber auf die Zunge beißen, als das »Nein« auszusprechen. Sinnvoll ist es in einer solchen Situation, mehrere kleine Gegenstände dabei zu haben (z. B. vier kleine, mittelweiche Gummibälle oder mit Sand gefüllte Luftballons), an denen sich Ihr Hund nicht verletzen kann.

Die vielfach gepriesenen Schellen, Klapperbüchsen oder Schlüsselbunde halte ich generell für ungeeignet, da ich nicht möchte, dass mein Hund negativ auf Alltagsgeräusche konditioniert wird und bei jedem Schlüsselklappern zusammenzuckt. Möchte Ihr Hund also etwas fressen und Sie sind noch ein Stück von ihm entfernt, werfen Sie diese Gegenstände in dem Moment, in dem Sie das »Nein« aussprechen. Gerade in der Lernphase ist es wichtig, dass Sie sofort handeln, damit Ihr Hund auch nachhaltig versteht, was Sie von ihm möchten. Wichtig ist, dass Sie auch hier sofort eine Alternative anbieten, wenn Ihr Hund von seinem Vorhaben, das Taschentuch zu fressen, ablässt.

Ziel ist, dass Ihr Hund auf das akustische Hörzeichen hin, sein Vorhaben unterbricht und sich Ihnen zuwendet, mit der Erwartung, dass Sie ihm eine Alternative anbieten. Irgendwann sollten Sie dann natürlich keine kleinen Gegenstände oder andere Hilfsmittel mehr benötigen.
Damit Sie so schnell wie möglich auf Hilfsmittel verzichten können, ist es von größter Bedeutung, dass Ihr Hund das »Nein« möglichst rasch und konsequent lernt. Wie in allen anderen Situationen, ist auch hier die Persönlichkeit des Hundes entscheidend. Ein Border Collie lernt anders als ein Bernhardiner, individuelle Unterschiede sollten daher im Training berücksichtigt werden.

1

Legen Sie zu Beginn der Übung ein Stück Futter vor Ihren Hund auf dem Boden.

2

Geben Sie Ihrem Hund nun die Erlaubnis, das Futte stück zu fressen, verbunden mit einem Signalwort, z. »Nimm's«.

Wichtig!

Achten Sie darauf, dass Ihre Signale immer in sich schlüssig sind. Wenn Sie »Nein« sagen, muss auch Ihr Körper dieses »Nein« ausdrücken. Ansonsten ist das für Ihren Hund keine klare und eindeutige Aussage. Wenn Sie eigentlich vor Wut kochen, weil Ihr Hund mal wieder überhaupt nicht gehört hat, Sie sich aber zusammennehmen und Ihren Hund geradezu säuselnd und mit süßer Stimme rufen, Ihr Körper aber total angespannt ist – dann wird Ihr Hund Ihnen nicht abnehmen, dass Sie wirklich freundlich gestimmt sind. Unter Umständen wird er sich Ihnen in geduckter Haltung nähern, weil er genau weiß: Mein Mensch ist mir nicht so positiv gesinnt, wie seine Stimme vorgibt, denn sein Körper sagt etwas anderes.

3

Lassen Sie Ihren Hund das Futter ungehindert fressen. Wiederholen Sie dieses Procedere einige Male.

4

Legen Sie erneut ein Stück Futter auf den Boden, lassen Sie das Signalwort »Nimm's« jedoch weg. Sollte Ihr Hund das Futter dennoch nehmen wollen, blocken Sie ihn mit einer sehr dynamischen Handbewegung, gekoppelt mit dem akustischen Hörzeichen »Nein«.

jeder Lebenssituation und nicht nur auf dem Hundeplatz oder während einer Trainingseinheit.

Beispiele »Tabu«

Tulpen & Rosen

Sie stehen auf dem Balkon Ihres Hauses, während Ihr Hund beginnt, die Tulpen im Blumenbeet auszubuddeln. Vom Balkon aus rufen Sie ein »Nein« in den Garten hinunter, Ihr Hund dreht sich kurz um, buddelt aber dann mit großer Begeisterung weiter.
Er lernt in diesem Fall, dass Ihr »Nein« nur dann gilt, wenn Sie direkt neben ihm stehen. Aus diesem Beispiel geht hervor, dass ein »Nein« nur in dem Moment über Ihre Lippen kommen darf, wenn Sie auch eine Chance haben, es durchzusetzen. Sie sollten das »Nein« durchgängig vermitteln, sozusagen in jeder Lebenssituation und nicht nur auf dem Hundeplatz oder während einer Trainingseinheit.

Showdown zum Nahkampf

Sie gehen mit Ihrem angeleinten Hund spazieren, nach ein paar Metern biegt der ungeliebte Nachbarshund um die Ecke. Ihr Hund macht sich sofort steif, fixiert den anderen Hund und senkt den Kopf ab. Umso näher Sie dem auserkorenen Feind kommen, desto »kampfbereiter« wird Ihr Hund. Erst als er bereits kläffend und knurrend in der Leine hängt, kommt Ihr »Nein«, gefolgt von weiteren verbalen Versuchen, das Verhalten Ihres Hundes zu unterbrechen. Jedoch ohne Erfolg.

Das Szenario endet damit, dass Sie genervt die Straßenseite wechseln und Ihren Weg fortsetzen. Hier wird deutlich, dass das »Nein« viel zu spät gekommen ist und dass der Hund es außerdem nicht ernst nimmt bzw. respektiert. Das »Nein« muss bereits dann kommen, wenn Ihr Hund sich steif macht und seinen Artgenossen fixiert, also direkt zu Beginn des Fehlverhaltens und nicht erst dann, wenn er kläffend und knurrend in der Leine hängt.

Ein Hund, der an der Leine kaum zu bändigen ist, kann schon ein Problem sein.

Aus

»Aus« ist für jeden Hund ein elementares Hörzeichen. Nur wenn er dieses Hörzeichen verstanden hat, können Sie Ihren Hund dazu veranlassen, Dinge an Sie abzugeben, die er im Fang hat und die für ihn eventuell sogar gesundheitsschädlich oder gefährlich sein können.

Das »Aus« hat in meinen Augen nur eine einzige Bedeutung: Ihr Hund hat das auszugeben, was er im Fang hat, ja regelrecht auszuspucken – und zwar sofort. Viele Hundebesitzer verwechseln an dieser Stelle das »Aus« mit dem Tabu-Signal, bzw. vermischen diese zwei Hörzeichen in einer ungünstigen Weise. Wenn Ihr Hund also bereits etwas im Fang hat, kommt nicht mehr das Kommando »Nein«. Das erfolgt nur dann, wenn Ihr Hund gerade dabei ist, etwas aufzunehmen. Wenn er allerdings bereits etwas im Fang hat, kommt das Hörzeichen »Aus«.

Ziel ist, dass Ihr Hund lernt, dass es für ihn von Vorteil ist, wenn er etwas ausgibt, was er gerade im Fang hat. Bitte hüten Sie sich davor, Ihrem Hund etwas aus dem Fang zu reißen oder mit ihm zu schimpfen, wenn er es Ihnen bringt. Dabei ist es vollkommen egal, ob es sich um Ihre wertvollen Lederhandschuhe, oder um einen halb verwesten Vogel handelt. Locken Sie ihn besser zu sich heran, loben Sie ihn und nehmen Sie ihm das, was er Ihnen gerade bringt, mit dem Kommando »Aus« aus dem Fang oder tauschen Sie die Gegenstände solange es geht mit hoher Motivation mit einem sehr attraktiven Tauschobjekt.

Parallel arbeiten Sie mit einem Tabu-Signal an der Aufnahme von den Gegenständen, die Ihr Hund nicht mehr in den Fang nehmen soll. Wenn Sie allerdings schimpfen und Ihren Unmut über sein Verhalten äußern, besteht die Gefahr, dass Ihr Hund zukünftig nicht mehr mit diesen Dingen zu Ihnen kommt, sondern sich eher damit aus dem Staub macht. Kommt es so weit, haben Sie etwas, was Sie für eine gut funktionierende Mensch-Hund-Beziehung gar nicht gebrauchen können: Misstrauen des Hundes Ihnen gegenüber.

Mir ist wichtig, dass Ihr Hund sich voller Vertrauen bei Ihnen aufhält, egal, was er im Fang hat. Gehen Sie deshalb im Aufbau sorgfältig vor. Wenn Sie mer-

ken, dass Ihr Hund das Hörzeichen »Aus« verstanden hat, dann machen Sie es ihm nach dem Schulklassenprinzip immer schwerer, indem Sie ihm bewusst immer attraktivere Dinge geben, die er dann wieder »Aus« geben soll und dafür ein besonders tolles Lob von Ihnen bekommt. Ist dann irgendwann der Punkt erreicht, an dem das Gege-

Um Ihrem Hund verständlich zu machen, dass das »Aus« nicht gleichbedeutend mit »ich will Dir was wegnehmen« ist, tauschen Sie den gebrachten Gegenstand gegen etwas ein, das für Ihren Hund besonders attraktiv ist, z. B. Futter.

bene attraktiver ist, als die zu erwartende Belohnung, und Ihr Hund den Gegenstand nicht ausgeben möchte, verblüffen Sie ihn durch einen schnellen Leinenimpuls. Dieser wird in die vom Fang gezeigte Richtung ausgeführt. Wenn Ihr Hund den Gegenstand dann »Aus«-spuckt, loben Sie ihn und geben ihm den Gegenstand wieder. Wenn Ihr Hund auch diesen Gegenstand freiwillig hergibt, dann belohnen Sie je nach Gegenstand. Entweder Sie überlassen ihm das Ding, oder, wenn es sich dabei um etwas Gefährliches oder Ekliges handelt und dies nicht geht, dann geben Sie ihm die ultimative Belohnung, egal wie diese für Ihren Hund aussieht – Ihre Begeisterung und einen unschlagbaren Verstärker.

Bedenken Sie, dass Ihr Hund das Hörzeichen »Aus« zu diesem Zeitpunkt schon so gut kennt, dass er es in der Regel ausführen sollte, ohne dass Sie es einfordern müssen. Er hat also bereits verstanden, dass es für ihn von Vorteil ist, wenn er dieses Hörzeichen ausführt und er tut es gerne. Erst wenn dieses

Trainingslevel erreicht ist, sollten Sie mit viel Ablenkung trainieren, bei der Ihr Hund nicht mehr freiwillig reagiert und Sie die Aufforderung »Aus« nun einfordern können. Für mich ist dies ein wichtiger Punkt für die Sicherheit Ihres Hundes. Schon häufig habe ich es erleben müssen, dass Hundebesitzer zu mir gekommen sind, deren Hunde regelrechte Müllschlucker waren und von Kot und Unrat bis hin zu Plastiktüten alles hinuntergeschluckt haben. Nicht selten sind die Ursachen in Defiziten in der Mensch-Hund-Beziehung zu finden und vor allem in einem falschen Aufbau des Hörzeichens »Aus«. Diesen Hunden wurde oft von Anfang an alles aus dem Fang gerissen und, was menschlich ja verständlich ist, geschimpft, wenn es etwas Ekeliges war.

Wichtig!

»Aus« ist ein Hörzeichen, bei dem Ihr Hund etwas aktiv ausführen soll. Daher darf dieses Hörzeichen niemals über Druck oder gar Schmerz beigebracht werden.

8 | RICHTIGES SPIEL

Das Beutespiel

Ein Beutespiel hat das Ziel, den Hund körperlich auszulasten, Grenzen zu etablieren und Beziehungsfragen »spielend« zu klären. Im Spiel lernt der Hund, Grenzen zu akzeptieren, die auch im wirklichen Leben gelten. Ein weiteres Ziel ist außerdem, dass der Hund lernt, Dinge, die er im Fang hat, konfliktfrei auszugeben.

Immer wieder wird behauptet, dass Beutespiele Hunde aggressiv machen. Diese Meinung teile ich nicht. Allerdings sollten gerade bei dieser Spielform einige Regeln im Umgang mit dem Hund beachtet werden. Besonders wichtig ist, dass das Spiel sowohl aktive, als auch ruhige Phasen beinhaltet.

In welchem Verhältnis diese beiden Phasen zeitmäßig zueinander stehen, hängt von dem jeweiligen Hund ab. Als Grundregel gilt: Je aktiver ein Hund ist, je schneller er hochdreht, desto mehr Ruhephasen müssen in das Beutespiel eingebaut werden.

Bei diesem Spiel besteht ein klarer Besitzanspruch: Das Spielzeug gehört immer Ihnen und nicht Ihrem Hund. Sie sollten beispielsweise in der Lage sein, das Spielzeug vor sich auf den Boden zu legen, ohne das Ihr Hund versucht, es sich unaufgefordert zu nehmen. Erst wenn Sie Ihrem Hund die Erlaubnis geben, darf dieser sich das Spielzeug nehmen. Gut ist, wenn Ihr Hund Blickkontakt zu Ihnen aufnimmt, um zu »fragen«, ob er das Spielzeug nehmen darf. Über diese Spielform sollen Respekt und ein zuverlässiges »Aus« erarbeitet werden, sie sind jedoch keine Voraussetzung. Wichtig ist in diesem Zusammenhang, dass Sie das »Aus« nicht schon nach dem ersten oder jedem Spieldurchlauf einfordern, da Ihr

Hund sonst lediglich lernt, dass er das Spielzeug immer ausgeben muss, wenn er zu Ihnen kommt. Gönnen Sie ihm ruhig die Freude, der Bezwinger der Beißwurst zu sein.

Lassen Sie das Spielzeug während des Spiels los und entfernen Sie sich von Ihrem Hund, damit er Ihnen das Spielzeug nachträgt. Allein Sie können das »tote« Spielzeug und somit die Kommunikation mit Ihrem Hund wiederbeleben. Denn der Hund soll gleich zu Beginn lernen, dass das Spiel nur dann Spaß macht, wenn er sich an Ihnen orientiert. Zerren und schütteln Sie gemeinsam an dem Spielzeug, gehen Sie in die Knie, spielen Sie tief und auf Augenhöhe Ihres Hundes. Überlassen Sie ihm die Beute, damit er ein Erfolgserlebnis hat. Wenn Sie natürlich wissen, dass Ihr Hund sich jetzt eher mit der Beute entfernt, als sie Ihnen erneut nachzutragen, sichern Sie ihn besser durch eine Leine, die Sie umso kürzer nehmen, je mehr sich Ihr Hund Ihnen widersetzt. Und auch die Strecken müssen Sie anpassen, da hier gilt: Je schwerer sich Ihr Hund tut, Ihnen das Spielzeug hinterherzutragen, desto kürzer sind die Strecken. Wichtig ist, dass jegliche Art von Spiel immer bei und mit Ihnen endet. Etablieren Sie hierfür ein Schlusswort, das Ihrem Hund unmissverständlich signalisiert, dass jetzt Schluss ist.

Bei Hunden, die von Natur aus gerne und viel spielen und gerade auf Beutespiele stark reagieren, lege ich viel Wert auf Beherrschung im Spiel. Beispielsweise trainiere ich hier sehr gründlich, dass das Spiel erst dann beginnt, wenn ich es möchte. Dazu lege ich das Spielzeug zwischen meine Beine auf den Boden. Der Hund darf es sich erst nehmen, wenn ich es ihm durch das Hörzeichen (»Nimm's«) erlaube. Steigern können Sie dieses Training noch, indem Sie Ihren Hund bewusst provozieren. Spielen Sie vor den Augen Ihres Hundes selbst mit dem Spielzeug, während Ihr Hund sich beherrschen muss und lediglich Zuschauer ist. Erst auf Ihr Freigabe-Signal hin, darf Ihr Hund wieder ins Spiel einsteigen.

Das Freigabe-Signal

Ein Freigabe-Signal ist ein generelles Signal, das dem Hund signalisiert, dass er jetzt aktiv werden darf. Hierfür eignet sich jedes beliebige akustische Signal bzw. jedes Wort. Vermittelt wird das Freigabe-Signal, indem Sie Ihren Hund körpersprachlich mit dem »Bleib«-Signal zu verstehen geben, dass er sich zu beherrschen hat. Das Spielzeug befindet sich hinter der Hand, die Ihrem Hund signalisiert, dass er sich zu beherrschen bzw. zu bleiben hat. Dann geben Sie das akustische Freigabe-Signal, nehmen Ihre Hand auf die Seite und geben dabei Ihren Hund auch optisch frei zum Spiel.

Mit Hunden, die von sich aus nicht so »spielwillig« sind, spiele ich anders. Hier kommt das Hörzeichen »Nimm's« direkt zu Beginn des Spiels, worauf ich den Hund dann auch sofort zum Mitmachen animiere, mich körpersprachlich von ihm wegbewege und das Spielzeug schnell hin und her bewege. Kontraproduktiv wäre, wenn ich mit dem Spielzeug regelrecht auf dem Hund herumklopfen würde. Manche Hunde fühlen sich von einer so »direkten Anmache« geradezu bedrängt. Sobald ich merke, dass das Spiel bzw. das Spielzeug dem Hund wichtig wird, ändert sich mein Spielverhalten und es kommen mehr Regeln hinzu.
Jagdlich ambitionierte und alle Hunde, die schnell auf Bewegungsreize reagieren, können im Beutespiel lernen, dass sie nicht jedem Bewegungsreiz sofort hinterherhetzen müssen. Dazu werfe ich das Spielzeug nach einem kurzen »Aus« mitten aus dem Spiel heraus und vor den Augen des Hundes ein Stück weit weg. Ich verlange, dass der Hund neben mir bleibt. Versucht er hinter dem Spielzeug herzulaufen, blocke ich ihn körpersprachlich oder mit der Leine. Der Hund soll lernen, dass er sich das Spielzeug erst dann holen darf, wenn er mich anschaut und um »Erlaubnis« fragt.

Klarer Besitzanspruch: Legen Sie das Spielzeug auf den Boden zwischen Ihre Beine, Ihr Hund darf es nicht nehmen, er muss vielmehr auf Ihr Freigabesignal warten.

Wichtig!

Beim Beutespiel wird immer körpernah gespielt. Im Vordergrund steht hier das soziale Erlebnis des Hundes mit seinem Menschen. Der Hund muss lernen, dass nicht die Bewegung, sondern das »Okay« seines Menschen das ausschlaggebende Kriterium für Anfang und Ende des Spiels ist.

Lassen Sie das Spielzeug wahrend des Spiels ruhig los, damit Ihr Hund es Ihnen nachtragen kann.

Wenn Ihr Hund Ihnen das Spielzeug dann nachträgt …

1

… geht das Spiel sofort weiter!

2

3

Spielen Sie tief, gehen Sie dabei in die Knie. Gestalten Sie das Spiel abwechslungsreich.

4

Wichtig ist außerdem, dass das Spiel neben aktiven auch ruhige Phasen beinhaltet.

Objektfreies Spiel

Wie der Name schon sagt, handelt es sich bei dieser Spielform um ein Spiel mit dem Menschen, ganz ohne Spielzeug oder andere Objekte. Ich unterteile das Objektspiel noch einmal in »Laufspiel« und »Knuddelspiel«. Natürlich können Sie zwischen Lauf- und Knuddelspiel auch wechseln. Laufen Sie erst ein Stück, um dann ganz plötzlich zu verharren und mit Ihrem Hund eine kleine Balgerei anzufangen. Dabei wird Ihr Körper plötzlich ganz steif. Für einen Moment bewegen Sie sich nicht, schleichen Ihrem Hund dann aber in geduckter Haltung und mit angespannten Gliedmaßen hinterher. Gehen Sie in die Knie, senken Sie Ihren Kopf und fixie-

ren Ihren Hund mit Blicken. Ich bin mir ganz sicher – Ihrem Hund wird dieses Spiel gefallen. Ganz nebenbei können Sie auf diesem Weg auch Grenzen testen und wenn nötig auch welche einbauen.
Zwickt Ihr Hund Sie zu vehement in den Arm, können Sie ihm im Spiel durch ein Zwicken oder einen Block mit der Hand deutlich machen, dass er zu weit gegangen ist.

Laufspiel

Das Laufspiel ist eine Art Fangenspielen. Laufen Sie ein Stück voraus, laufen Sie Winkel und schlagen Sie Haken, bis Ihr Hund Ihnen mit Begeisterung folgt. Dann drehen Sie das Spiel um. Jagen Sie Ihren Hund über die Wiese und versuchen Sie, ihn zu fangen. Sie werden schnell merken, wie viel Spaß dieses Spiel Ihnen und Ihrem Hund macht. Auch hier gilt: Sie beenden das Spiel, nicht Ihr Hund.

Wichtig!

Beachten Sie bei einem Knuddelspiel, dass nicht jeder Hund Ihre positiven Absichten uneingeschränkt versteht. Gerade wenn es nicht Ihr eigener, sondern ein fremder Hund ist, sollten Sie diese Variante des Spiels nur dann praktizieren, wenn Sie die hündische Körpersprache lesen können.

Knuddelspiel

Das Knuddelspiel ist eine Art »Körper-Nahkontakt-Spiel«. Raufen Sie mit Ihrem Hund, schubsen Sie ihn von sich weg und nehmen Sie ihn in den Arm. Gut und wichtig bei diesem Spiel ist, dass Ihr Hund lernen wird, wie er mit Ihrer Haut umzugehen hat. Wird das Spiel zu heftig, zwickt Ihr Hund zu fest in Ihren Arm, sollten Sie das Knuddelspiel mit einer eindeutigen Handlung ab- oder unterbrechen. So können Sie ganz nebenbei testen, inwieweit Ihr Hund Ihre Grenzsetzung ernst nimmt und Sie als Chef akzeptiert. Diese Form

Körperlichkeit ist wichtig – auch für Hunde! Spielen Sie mit Ihrem Hund in Ihrem Nahbereich, stupsen und schubsen Sie ihn, er wird darauf eingehen und begeistert mitmachen!

des Spiels sollten Sie niemals ungefragt mit fremden Hunden spielen, da Sie nicht wissen können, wie ein fremder Hund auf engen körperlichen Kontakt reagiert.

Diese beiden Spielformen bringen Ihnen und Ihrem Hund nicht nur besonders viel Spaß, sie sind außerdem ein gemeinsames soziales Ereignis von enormer Bedeutung: Ihr Hund wird körperlich und geistig ausgelastet und Sie und Ihr Hund werden enger zusammengeschweißt.

Wichtig!

Schauen Sie nicht gleich weg, wenn Ihr Hund Sie im Spiel anschaut. In diesem Moment findet Kommunikation zwischen Ihnen und Ihrem Hund statt. Ihr Hund »fragt nach« und kommuniziert mit Ihnen. Denn es ist Ihre Persönlichkeit, die Ihren Hund in diesem Spiel zu seinem Tun animiert.

9 NASENARBEIT

ZOS – Die Zielobjektsuche (ZOS)

ZOS ist in meinen Augen ein ideales Auslastungsmodell für fast jeden Hund, welches Sie zu Hause, draußen oder wo immer Sie auch sind, ausüben können. Ihr Hund wird körperlich und geistig auf artgerechte Weise ausgelastet, und Sie benötigen dafür weder einen Trainingsplatz, noch eine aufwendige Ausrüstung.

Das ZOS-Training wird in seiner Basis mit dem Klicker aufgebaut. Sie konditionieren Ihren Hund zunächst auf einen kleinen Gegenstand, beispielsweise auf ein Feuerzeug oder einen Kugelschreiber. Ist die Verknüpfung zu diesem Gegenstand erfolgreich hergestellt, beginnt die eigentliche Auslastung: die Such- und Spürarbeit nach die-

Nasenarbeit in Perfektion: Gut trainierte Rettungshunde werden perfekt ausgebildet.

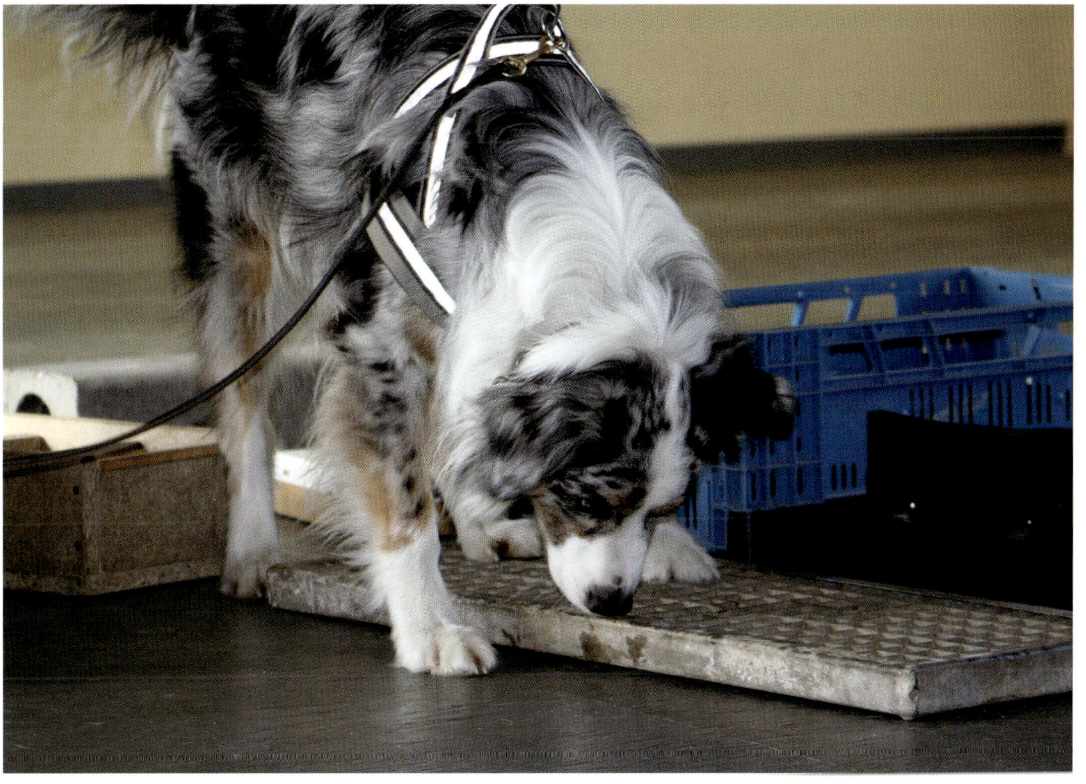

ZOS ist ein globales Auslastungssystem und fordert Ihren Hund geistig und körperlich.

sem versteckten Gegenstand. Bringen oder Aufnehmen ist tabu, der Gegenstand wird durch »Platz« oder »Sitz« angezeigt. Durch dieses Suchmodell können ZOS-Profis bedenkenlos selbst im häuslichen Bereich Kleinstgegenstände wie Büroklammern oder Euromünzen suchen. Eine wichtige Rolle beim ZOS-Training nehmen Sie selbst ein, verursacht durch einen bewusst durchgeführten, sozial orientierten Aufbau der Konditionierung. Ist Ihr Hund ZOS-fit, übernehmen Sie vollständig die Koordination des Trainings. Nur die Suche selbst und das abschließende Anzeigeverhalten fallen in den Aufgabenbereich Ihres Hundes. Da Sie somit im Mittelpunkt des Geschehens stehen, entstehen wichtige soziale Sympathie-Effekte, die ein normaler Spaziergang oder ausschließliche Bewegungsaktivitäten nicht bieten können.

Die Suche nach kleinsten Gegenständen erfordert höchste Konzentration.

Thomas & Ina Baumann

Wenn Sie mehr über ZOS erfahren und lernen wollen, wenden Sie sich an Thomas und Ina Baumann, die »Erfinder« der Zielobjektsuche. Oder informieren Sie sich über unsere Seminare zum Thema »Geruchswelten« (Seminarkalender), www.teamcanin.com.

In dieser Arbeit steckt viel: Ihr Hund muss bleiben, wenn Sie das Mäppchen auslegen (Beherrschung), er beobachtet Sie, Sie sind der Mittelpunkt Ihres Hundes, er wartet darauf, dass er von Ihnen ein Zeichen bekommt, dass die »Jagd« endlich beginnen kann (Kommunikation). Nach erfolgreicher Suche muss er Ihnen das Futtermäppchen bringen und wird dafür von Ihnen ausgiebig gelobt (soziales Miteinander plus Befriedigung des Nahrungsbedürfnisses).

Gegenstandssuche

Futtermäppchensuche

Mit der von mir praktizierten Futtermäppchensuche können Sie Ihren Hund garantiert sinnvoll auslasten. Diese Form der Nasenarbeit fordert Ihren Hund sowohl geistig, als auch körperlich. Außerdem ist sie so konzipiert, dass auch ältere Hunde oder Hunde mit Gelenkproblemen, sie problemlos ausführen können. Ziel ist, dass Sie für Ihren Hund zum Mittelpunkt seiner Aufmerksamkeit werden. Sie initiieren diese Arbeit, leiten und koordinieren sie. Für Ihren Hund werden Sie so automatisch interessant und attraktiv.

Futtermäppchen & Futter

Ein Futtermäppchen ist ein Stoffmäppchen aus Leinen, das innen eine plastikartige Beschichtung hat, damit Sie sowohl mit Nassfutter, als auch mit Trockenfutter arbeiten können. Futtermäppchen gibt es in verschiedenen Größen und Farben.

Achten Sie bei der Auswahl des passenden Mäppchens darauf, dass Ihr Hund es gut greifen kann. Ein kleiner Terrier wird beispielsweise schnell die Lust an der Futtermäppchensuche verlieren, wenn Sie eins kaufen, das eigentlich für einen Labrador oder einen Schäferhund konzipiert ist. Wenn Sie unsicher sind, welche Größe für Ihren Hund die richtige ist, lassen Sie sich im Facheinzelhandel beraten.

Ziel der Futtermäppchensuche ist, dass Sie einen Teil des Nahrungsbedürfnisses Ihres Hundes über die Arbeit mit dem Futtermäppchen befriedigen können. Das bedeutet, dass Ihr Hund insgesamt ungefähr seine halbe Tagesration an Futter über den Tag verteilt aus dem Futtermäppchen bekommt. So wird diese Arbeit für Ihren Hund existenziell wichtig, denn fressen muss er ja auf jeden Fall, um zu überleben.

Daher rate ich Ihnen auch, mit Futter zu arbeiten – und nicht mit Leckerchen.

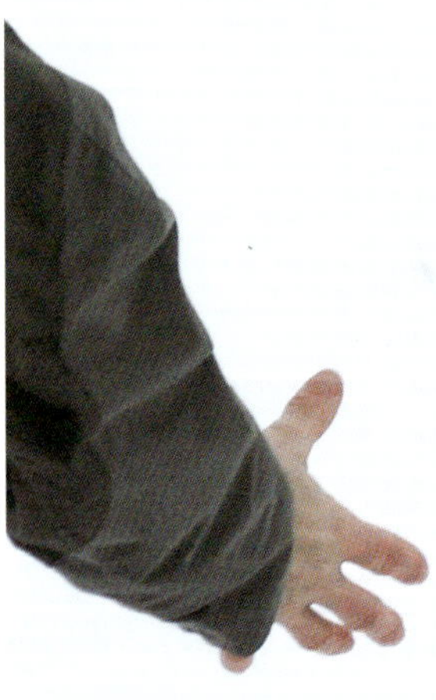

Bevor Sie mit dem Aufbau der Futtermäppchensuche beginnen, sollten Sie sich bewusst machen, dass Ihr Hund nur dann effektiv suchen kann, wenn er zuvor gelernt hat, nahezu perfekt und freudig zu apportieren. Sie zäumen das Pferd quasi von hinten auf: Das, was Ihr Hund zuletzt tut (Apportieren), lernt er zuerst.

Aufbau:

Erster Lernschritt: Zuerst müssen Sie für Ihren Hund einen Gegenstandsbezug herstellen, damit er versteht, was er da eigentlich suchen soll. Leinen Sie Ihren Vierbeiner für die ersten drei Lernschritte auf jeden Fall an, damit er sich mit dem Mäppchen nicht ungefragt entfernen kann. Ziel dieses Lernschritts ist, dass Ihr Hund Sie und das Mäppchen extrem wichtig und spannend findet. Damit das auch passiert, füttern Sie Ihren Hund zunächst mehrmals täglich während des Spaziergangs aus dem Futtermäppchen. Auf dem Spaziergang deshalb, weil dort die Interaktion mit Ihrem Hund stattfindet. Dabei darf das Mäppchen Ihrem Hund niemals frei zur Verfügung stehen, oder bei Ihnen zu Hause einfach herumliegen. Verstecken Sie es während des Spaziergangs z. B. unter Ihrer Jacke, damit Ihr Hund es nicht sehen kann. Immer wenn Sie das Mäppchen dann herausholen, muss auch etwas Spannendes passieren: Suggerieren Sie Ihrem Hund, dass dieses Mäppchen ganz besonders aufregend ist und dass nur Sie allein über dieses »Wunder-Mäppchen« verfügen. Öffnen Sie es langsam (langsame Bewegungen erzeugen Spannung) und drehen Sie sich anschließend von Ihrem Hund weg, so dass dieser das Mäppchen nicht mehr offensichtlich sehen kann. Für Ihren Hund machen Sie sich so interessant. Sie zeigen ihm, dass Sie und das Mäppchen Spaß haben.

Ihr Hund wird nun garantiert neugierig werden, denn schließlich wäre er gern mit von der »Spaß-Partie«. Sobald Ihr Hund neugierig herankommt und Sie anschaut, bücken Sie sich und lassen ihn ca. zwei bis drei Sekunden aus dem geöffneten Mäppchen fressen. Dann schieben Sie Ihrem Hund den Arm vor die Brust, um ihn ruhig, aber bestimmt von dem Mäppchen zu entfernen. Das steigert auch das Verlangen Ihres Hundes. Und das ist wichtig, denn bereits jetzt sollte die Neugierde Ihres Hundes zu eben diesem Verlangen nach der Arbeit mit Ihnen und dem Mäppchen werden. Stehen Sie nun wieder auf, und lassen Sie das Mäppchen unter Ihrer Kleidung oder in einer Tasche verschwinden. Diese kleine Übung wiederholen Sie zwei bis drei Mal, so dass Ihr Hund lernt: Immer wenn ich mich an meinem Menschen orientiere, werde ich belohnt! Natürlich wird Ihr Hund sich zu Beginn in erster Linie an dem gefüllten Mäppchen orientieren, später dann aber an Ihnen, weil Sie es sind, die die spannenden Dinge des Lebens initiieren. Sobald Ihr Hund einen regelrechten Drang auf das Mäppchen entwickelt hat und es unbedingt haben möchte, beginnen Sie, den zweiten Lernschritt aufzubauen.

Zweiter Lernschritt: Nachdem Ihr Hund ja nun »heiß« auf das Mäppchen ist, enthalten Sie ihm genau dieses vor. Zeigen Sie ihm das geschlossene Mäppchen und bewegen Sie sich langsam von ihm weg. Dabei ist es egal, ob Sie sich rückwärts oder seitwärts entfernen. Achten Sie darauf, dass Sie das Mäppchen mit kleinen, schnellen und ruckartigen Bewegungen immer kurz vor dem Fang Ihres Hundes hin und her bewegen – er soll sich schließlich anstrengen und eine Chance haben, es auch zu bekommen. Denn nichts ist für Ihren Hund frustrierender als zu wissen, dass er keine Möglichkeit hat, an das Mäppchen zu kommen. Wenn er nämlich erst zu dieser Feststellung gelangt ist, wird es für Sie immer schwerer werden, ihn zu motivieren. Wichtig ist nur, dass Sie das Mäppchen nicht auf Ihren Hund zubewegen, um ihn zu locken, oder es ihm sogar hinterhertragen und ihn somit fast schon nötigen, es zu greifen. Das kann sogar eher dazu führen, dass Ihr Hund zurückweicht und das

Mäppchen meidet. In der Natur drängt sich der Hase dem Hund ja schließlich auch nicht auf. Als Grundregel sollte Sie sich hier noch merken: Bewegen Sie das Mäppchen bei sehr aktiven Hunden eher langsam, bei trägen Hunden eher schneller.

Bewegen Sie das Mäppchen nun von Ihrem Hund weg. Der wird Ihnen sicher folgen, da er das Mäppchen ja als besonders wichtig erachtet. Lassen Sie das Mäppchen los, sobald Ihr Hund so engagiert ist, es mit dem Fang zu greifen. Führen Sie außerdem ein Hörzeichen ein, kurz bevor Ihr Hund das Mäppchen greifen möchte. Sagen Sie »Apport« oder »Such-Mäppchen«. Lassen Sie sich das Mäppchen nun ein kurzes Stück nachtragen (dreißig Zentimeter bis einen Meter) und nehmen Sie es Ihrem Hund dann wieder ab. Wichtig ist, dass Sie Ihrem Hund das Mäppchen nicht aus dem Fang reißen oder ziehen. Gehen Sie behutsam vor (siehe »Aus«, S. 142). Ihr Hund soll schließlich lernen, dass er umso eher an das Futter kommt, je schneller er Ihnen das Mäppchen bringt. Es ist nicht schlimm, wenn Ihr Hund das Mäppchen fallen lässt und es Ihnen nicht in die Hand gibt. Er soll zunächst lediglich lernen, Ihnen das Mäppchen nachzutragen. Wenn Ihr Hund das Mäppchen ausgegeben hat, bücken Sie sich, nehmen es in die Hand und öffnen es. Lassen Sie Ihren Hund nun fressen. Sobald er dieses Procedere zuverlässig ausführt und sich nicht mehr von Ihnen entfernen möchte, auch nicht über längere Distanzen, folgt der dritte Lernschritt.

Dritter Lernschritt: Dieser Lernschritt ist identisch mit dem zweiten. Der einzige Unterschied ist, dass Sie sich das Mäppchen nicht mehr aus der Hand herausgreifen lassen und dass Ihr Hund das Greifen an sich hier nicht mehr lernt, sondern lediglich festigt. Signalisiert Ihr Hund durch Hinterhergehen Interesse an Ihnen und Ihrem Mäppchen, werfen Sie dieses ca. einen halben Meter vor ihm auf den Boden und sagen das Hörzeichen (»Apport«, »Such-Mäppchen«), damit er das Mäppchen vom Boden greifen kann, um es Ihnen nachzutragen und in die Hand zu geben. Hat Ihr Hund auch das verstanden, können Sie beginnen, an seiner Beherrschung zu arbeiten. Lassen Sie ihn dazu »Sitz« oder »Platz«

machen. Legen Sie das Mäppchen nun in geringer Entfernung ab, idealerweise lehnen Sie es an einen Baum oder einen Zaun. So gerät Ihr Hund nicht in Versuchung, mit dem Mäppchen weiter geradeauszulaufen, sondern es zu greifen und gleich zu Ihnen zurückzubringen. Tut er das, öffnen Sie sofort das Mäppchen und lassen ihn wieder zwei bis drei Sekunden fressen. Beginnen Sie auch hier mit wirklich kleinen Distanzen. Ihr Hund soll lernen: Je schneller er das Mäppchen zu Ihnen zurückbringt, desto schneller kommt er an das Futter und an Ihre soziale Zuwendung. Wichtig bei diesem Lernschritt ist, dass Ihr Hund versteht, dass er nur über Sie an den Inhalt des Mäppchens kommt. Wenn er das begriffen hat, können Sie sich dem vierten Lernschritt zuwenden.

Vierter Lernschritt: Im vierten Lernschritt geht es um leichte Suchen, die Ihr Hund jetzt ohne Leine bewältigen darf, weil er das Apportieren ja schon generalisiert hat. Wichtig ist dabei, dass diese Suchen wirklich leicht sind, damit Ihr Hund keine Fehler machen kann und Sie ihm nicht helfen müssen. Um Ihrem Hund von Anfang an beizubringen, dass er räumlich suchen soll, denken Sie sich beim Auslegen des Futtermäppchens drei Fixpunkte: Vor Ihrem Hund, links und rechts von ihm. Zwischen den Punkten sollte es einen Abstand von ca. zehn Metern geben. Wenn Ihr Hund das Mäppchen in diesem Umfeld zuverlässig findet, können Sie beginnen, die Fixpunkte zu verschieben und somit die Abstände zu vergrößern. Ihr Hund lernt so, eine Fläche immer gleichmäßig abzusuchen und dass das Mäppchen mal nah dran und mal weit weg liegen kann. Ihr Vierbeiner wird dann von sich aus eigenständig links suchen, wenn er rechts nichts findet. Das Futtermäppchen selbst ist zu diesem Zeitpunkt noch bei jeder Suche voll mit Futter und riecht immer noch stark, damit Ihr Hund lernt, seine Nase einzusetzen. Erst wenn er wirklich sicher und zuverlässig mehrere Minuten sucht, können Sie die Futtermenge im Mäppchen langsam verringern und dafür mehr Futter aus einer kleinen Plastikdose füttern. Wenn Sie schließlich nur noch mit einer sehr geringen Futtermenge arbeiten, ist kurz danach auch der Punkt erreicht, an dem Sie Ihren Hund komplett aus einer kleinen Plastikdose bestätigen können. Das bedeutet, dass Ihr Hund zwar weiterhin das jetzt leere Futtermäppchen sucht, Sie ihn aber komplett aus einem anderen Bereich bestätigen.

Wenn Sie das Geruchsbild noch deutlicher reduzieren möchten, können Sie das Mäppchen auch auskochen.

Geruchsbild

Hunde orientieren sich zu einem großen Teil über ihre Nase. Das Geruchsbild der Futtermäppchensuche besteht aus mehreren Komponenten: aus dem Speichel des Hundes, dem Individualgeruch des Menschen, dem Geruch des Bodens, des Futters und aus dem Geruch des Materials des Futtermäppchens. Immer wenn Sie das Geruchsbild reduzieren, also entweder die Futtermenge in dem Mäppchen verringern oder aber das Mäppchen auskochen, sollten Sie zunächst auf jeden Fall das Suchfeld wieder verkleinern. Denn je stärker Sie das Geruchsbild reduzieren, desto intensiver muss Ihr Hund suchen. Ziel ist, dass das Mäppchen letztendlich nur noch aus dem Materialgeruch und dem Geruch des Menschen besteht.

1 *Lassen Sie Ihren Hund »Sitz« machen und werfen Sie das Mäppchen einige Meter vor ihm auf den Boden.*

2 *Wichtig ist, dass Ihr Hund sich beherrscht und erst nach Ihrem Freigabesignal losläuft, um das Mäppchen zu apportieren.*

Ihr Hund wird das Mäppchen nun bestimmt freudig aufgreifen und apportieren. 3

Anschließend sollte Ihr Hund möglichst schnell und auf dem direkten Weg zu Ihnen zurückkommen. 4

5 *Nehmen Sie Ihrem Hund das Mäppchen vorsichtig ab …*

6 *… und bestätigen Sie ihn anschließend aus dem Mäppchen.*

Auslastung & Alltag

Hat Ihr Hund die Erziehung zu einem angenehmen Familienbegleithund abgeschlossen, sollten Sie die Arbeit mit Ihrem Vierbeiner damit nicht auf sich beruhen lassen. Wichtig ist, dass Ihr Hund auch weiterhin Regeln hat, an denen er sich orientieren kann, und außerdem die Möglichkeit bekommt, seine Bedürfnisse artgerecht und individuell auszuleben. Ein ganz besonderes Auslastungsmodell, das Sie mit Ihrem Hund bisher noch nicht in vollem Umfang genießen konnten, ist das, das uns allen am wichtigsten sein sollte: den Hund möglichst viel und ständig in den Alltag zu integrieren.

Es ist durchaus möglich, dass Ihr Hund gemeinsam mit Ihnen den Alltag bewältigt und außerdem Ihre Hobbys begleitet. Das gilt auch für Hobbys, die auf den ersten Blick nichts mit dem

Ob Mensch und Hund zu einem Dreamteam werden, hängt von vielen Faktoren ab. Mit dem richtigen Bauchgefühl, Sachverstand und Vertrauen in sich und Ihren Hund, werden auch Sie und Ihre Fellnase es schaffen.

Thema Hund zu tun haben, wie z. B. das Golfen. Die Ausbildung zum Golfbegleithund biete ich beispielsweise schon seit einiger Zeit erfolgreich an.

Wenn Ihr Hund Sie überall im Alltag begleitet, egal ob in die Stadt mit vielen Menschen und Straßenverkehr, oder in den Wald mit Joggern und Radfahrern, möglicherweise sogar mit Wildverleitungen, dann ist die Verarbeitung dieser Eindrücke so anstrengend für Ihren Hund, dass er zu Hause zufrieden und geschafft in sein Körbchen sinken wird. Das schönste an diesem »gemeinsamen Alltag«: Sie und Ihr Hund reifen zu einem richtig guten Team heran, das sich versteht und eng zusammenwächst – zu einem DREAM-TEAM!

10 | SCHLUSSGEDANKEN

Sie haben jetzt einen großen Teil von dem gelesen und auf Bildern gesehen, was ich unter Hundeausbildung verstehe. Wenn ich mit diesem Buch dazu beitragen konnte, dass Sie Dinge und Gegebenheiten, die zwischen Ihnen und Ihrem Hund geschehen, in Zukunft häufiger hinterfragen und nicht mit Ungeduld reagieren, dann habe ich in meinen Augen schon viel erreicht. Ferner wünsche ich mir, dass ich Ihre Neugierde geweckt habe, so dass Sie sich fortan noch intensiver auf Ihren Hund einlassen können und in ihm mehr

sehen, als einen bloßen Befehlsempfänger. Auch den Satz »mein Hund muss nichts lernen und darf einfach Hund bleiben«, überdenken Sie nach dem Lesen dieses Buches hoffentlich gründlich, sofern er zuvor Ihr Leitsatz war.

Denn wie schön ist es, mit anzusehen, wenn Ihr Hund etwas geleistet hat, durch Ihre Bestätigung richtig stolz ist und an Selbstvertrauen und Lebensqualität gewinnt. Mein Bestreben wird es weiterhin sein, alle neuen Erkenntnisse, die ich gewinnen kann, in meine Arbeit mit einfließen zu lassen und Ihnen mein Wissen zur Verfügung zu stellen.

Wenn wir uns noch nicht persönlich kennen, würde ich mich freuen, wenn wir uns in Löffingen oder an einem anderen Ort zu einem Seminar oder zu einer anderen Gelegenheit kennen lernen würden. Vorerst wünsche ich Ihnen ganz viel Freude mit Ihrem vierbeinigen Freund.

11 ANHANG

Tierarzt-Check

Wurmkuren

Ab der zweiten Lebenswoche sollten Welpen im Abstand von zwei Wochen regelmäßig entwurmt werden. Dabei sollte ein für Welpen geeignetes Wurmmittel gegeben werden. Dem Besitzer kommt spätestens mit 12 Wochen vor der Impfung diese Aufgabe zu. Der Tierarzt empfiehlt jetzt ein anderes Mittel mit breiterem Wirkungsspektrum, da mit der reinen Welpenentwurmung nicht alle Wurmarten abgedeckt werden.

Die Entwurmungen müssen im Laufe des Lebens mindestens alle sechs Monate werden, jedoch sollten Hunde, die z. B. häufig Mäuse ausgraben und verspeisen oder anderweitig Kontakt zu Parasitenträgern haben, öfter entwurmt werden.

Evtl. durch eine Kotprobe vorab einmal abklären lassen, ob überhaupt Wurmbefall vorliegt und erst dann zur Entwurmung zu schreiten.

Impfungen bei Hunden

Im Alter von sieben bis acht Wochen (je nach individuellem Impfschema) erhalten die Welpen ihre erste Grundimmunisierung gegen Staupe, Parvovirose, Leptispirose und Hepatitis.

Mit 12 Wochen wird diese Impfung wiederholt und durch Tollwut ergänzt. Die Meinungen über weitere Wiederholungen im Abstand von einigen Wochen gehen unter den Tierärzten weit auseinander, da Impfungen natürlich auch immer belastend für den Organismus sind.
Neben den oben genannten Erkrankungen kann man seinen Hund auch gegen Borreliose, Herpes und Zwingerhusten impfen lassen. Darüber sollte grundsätzlich die individuelle Gefahrensituation entscheiden.

Der VDH empfiehlt zurzeit folgendes Impfschema für Hunde (Quelle: www.vdh.de). Bitte besprechen Sie mit Ihrem Tierarzt, welche Impfungen er in welchem Abstand für sinnvoll erachtet, weil immer der Einzelfall zu beachten ist und es keine Pauschallösung gibt.

Grundimmunisierung für Welpen und Junghunde

- **8te Lebenswoche** Staupe, HCC, Parvovirose, Leptospirose (wahlweise hochtitriger Impfstoff Staupe, Parvovirose)
- **12te Lebenswoche** Staupe, HCC, Parvovirose, Leptospirose, Tollwut
- **16te Lebenswoche** Staupe, HCC, Parvovirose, Leptospirose, Tollwut
- **15ter Lebensmonat** 1. Wiederholungsimpfung

Bei besonderer Gefährdung des Wurfes sind Impfungen in der 6. Lebenswoche mit hochtitrigen Impfstoffen möglich.

Die Impfungen tragender Hündinnen, sind nicht anzuraten. Anstehende Wiederholungsimpfungen sollten rechtzeitig (14 Tage) vor der Hitze, die zur Bedeckung vorgesehen ist, erfolgen.

Wiederholungsimpfungen

Der höheren Praktikabilität wegen wird, solange keine anderen gesicherten Erkenntnisse vorliegen, die Beibehaltung des jährlichen (12 Monate) Rhythmus empfohlen.
Des Weiteren wird empfohlen, zur Zusammenführung von Hunden (Veranstaltungen: Ausstellungen, Prüfungen, Training, Welpenstunden) nur geimpfte Hunde zuzulassen. Gleichzeitig sollten keine Veranstaltungen besucht werden, an denen Hunde ohne gesicherten Impfstatus teilnehmen.

Im Endeffekt sprechen Sie bitte mit dem Tierarzt Ihres Vertrauens, der Ihnen die passenden Impfungen empfehlen wird.

Vorsorgeuntersuchungen beim Hund

Da die Lebenserwartung unserer heutigen Hunde ständig steigt, sollte bei kleinen Hunden ab dem zehnten, bei Hunden mittlerer und großer Rassen bereits ab dem siebten Lebensjahr ein Gesundheitscheck durchgeführt werden um beginnende Altersschwächen und -erkrankungen frühzeitig zu erkennen und so rechtzeitig aufhalten oder lindern zu können.

Für die Ernährung älterer Hunde z. B. sind ausgewiesene Senior-Produkte geeignet. Darüber hinaus können Ergänzungsfuttermittel zum Beispiel zur Stärkung der Gelenkgesundheit oder der allgemeinen Abwehrkräfte sinnvoll sein.
Für Hunde mit alterstypischen Erkrankungen wie Diabetes, Nieren- oder Herzschwäche gibt es spezielle Diätnahrungsmittel, die den Verlauf der Erkrankung aufhalten oder lindern können. Auskünfte dazu erteilen Tierärzte.

Tierarzt-Check

Der hundefreundliche, erfahrene und angemessene Umgang mit dem vierbeinigen Patienten ist zweifellos eines der wichtigsten Kriterien für einen guten Tierarzt. Der Tierarzt, aber auch sein Personal sollten in jeder Situation gelassen und souverän mit dem Hund umgehen – und zwar mit jedem Hund, egal ob Musterschüler oder Problemkind. Eine ruhige Art und professionelle Handgriffe helfen dem Hund genauso über den heiklen Besuch wie einige freundliche Worte, ein Kopftätscheln oder ein Leckerchen zum positiven Abschluss. Ein guter Tierarzt legt hohen Wert auf gute Zusammenarbeit mit dem Hundehalter. Ausführliche sowie verständliche und nachvollziehbare Untersuchungsmethoden, die Diagnose, Therapiemöglichkeiten, Erfolgsaussichten und etwaige Nebenwirkungen.
Ein guter Tierarzt untersucht den Hund bei jeder Konsultation gründlich. Dazu gehört eine Kontrolle von Haut und Haarkleid, Ohren und Augen genauso wie Abtasten, Abhorchen, Puls und Fieberkontrolle. Insbesondere vor Impfungen muss feststehen, dass der Hund wirklich gesund ist.

Wann zum Tierarzt?

Sie kennen Ihren Hund sehr genau, um zu wissen, wenn irgendetwas mit ihm nicht in Ordnung ist. Vielleicht hat Ihr pelziger Freund gestern Abend nur wenig Appetit gehabt? Ist er heute einfach ein klein wenig neben sich selbst oder sollten Sie ihn auf schnellstem Weg zum Tierarzt bringen? Wenn Sie wissen, wie ein gesunder Hund aussieht, werden Sie leichter erkennen, wenn Ihr Hund einmal krank ist, und können ihm die Hilfe verschaffen, die er benötigt.

Checkliste gesunder Hund

- glänzendes, gesundes Fell
- geschmeidige, elastische Haut
- klare, wache Augen
- kühle, meist etwas feuchte Nase
- saubere, nicht zu warme Ohrmuscheln
- guter Appetit
- fester, aber nicht betonharter Kot
- fast neutral riechender Atem
- Zahnfleisch
- Normaltemperatur von 37,5 bis 38,5 Grad
- Atemfrequenz von 10 bis 30 Mal/Minute
- Puls von 60 (große Rassen) bis 120 Schläge (kleine Rassen)/Minute – messbar an der Oberschenkel-Innenseite an der Oberschenkel-Arterie

Zusammengestellt von Tierärztin Dr. Simone Götz

Checkliste über Rechte und Pflichten von Hundehaltern

Pflichten

Ihren Hund vor Schädigungen bewahren …

Ihn nicht von anderen Hunden mobben lassen.
Es stimmt nicht, dass Hunde alles alleine unter sich ausmachen. Deswegen ist es wichtig, dass ein Hund, der nicht mehr spielen will und Angst hat, von seinem Besitzer Schutz und »sozialen Beistand« erfährt. Sorgen Sie dafür, dass Ihr Hund nicht von anderen Hunden gemobbt wird. Meist genügt es, wenn Sie die anderen Hunde körpersprachlich wegschicken, damit Ihr Hund Ruhe findet.

Ihn vor anderen Menschen schützen, die ihm aus Unwissenheit keine Ruhe gönnen.
Es gibt genügend Hunde, die es nicht mögen, wenn sie von Fremden ständig angefasst werden. Hunde brauchen

Es gibt so riesige Größenunterschiede zwischen Hunderassen, dass es einfach unrealistisch ist, dass sie alles alleine unter sich ausmachen.

Bringen Sie sich als Sozialpartner mit ein, wenn Sie merken, dass aus dem entspannten Spiel eine angespannte Situation entstehen kann.

generell Ruhephasen. Sie dürfen daher auch ruhig einmal »Nein« sagen, wenn Ihr Hund nicht gestreichelt werden möchte.

Schützen Sie Ihren Hund vor Gefahren aus der Umwelt, die Ihr Hund nicht selbst einschätzen kann (Stromzäune, Straßenverkehr, gefährliche Mittel im Haushalt z. B. Reinigungsmittel).

Weitere Pflichten …

- Ihren Hund ausgewogen und artgerecht zu ernähren.

Hunde sind Fleischfresser und es ist heute meiner Meinung nach nicht entscheidend, ob man seinen Hund mit Trocken-, Nassfutter oder BARF ernährt. Wichtig ist, dass die Nahrung ausgewogen ist und dass Sie qualitativ hochwertige Produkte auswählen, in denen kein Zucker und keine Lockstoffe vorhanden sind.

- Regelmäßige Pflege Ihres Hundes (Fellpflege, Ohrenpflege, Pfotenpflege usw.)

  Pflegeverhalten ist ein ritueller Bestandteil unserer Hunde und bei uns ein Stück Beziehungsarbeit, also weit mehr, als nur kosmetische Verschönerungen.

- Benutzen Sie an Ausbildungsmaterialien vor allem bei Spielzeug und allem, was Ihr Hund in den Fang nimmt, qualitativ hochwertige Produkte, die unschädlich für Ihren Hund sind und somit seinem Wohlbefinden dienen. Nach elfjähriger hauptberuflicher Tätigkeit als Hundetrainer bin ich heute in der glücklichen Lage mit den TEAM**CANIN**-Produkten allen Hundehaltern Produkte empfehlen zu können, die von meinen Partnern produziert werden und wo ich im vollen Umfang dahinter stehen kann. Den Großteil der Produkte habe ich mitentwickelt.

- Die Haltung eines Hundes ist sehr entscheidend. Der Hund ist ein Rudeltier und deswegen haben wir die Pflicht, ihn auch so zu halten, damit er Anschluss an sein Ersatzrudel bekommt (Familie). Deswegen ist für mich reine Zwingerhaltung indiskutabel. Wir haben die Pflicht, uns um unsere Hunde zu kümmern – tagtäglich. Ich rede nicht davon, dass Sie Ihren Hund nicht einmal ein paar Stunden alleine lassen können. Ihr Hund braucht aber den Kontakt zu Ihnen, zu seinem Sozialpartner Mensch.

- Ebenso wichtig ist, dass er seine sozialen Bedürfnisse gegenüber Artgenossen ausleben kann, also immer wieder Gelegenheit bekommt, mit ihnen zu spielen. Dabei möchte ich deutlich sagen, dass mir der Sozialpartner Mensch immer am wichtigsten ist.

Stöcke können zu gefährlichen Verletzungen führen und sind daher kein geeignetes Spielzeug.

Geeignetes Spielzeug besteht aus ungiftigen Materialien und ist so verarbeitet, dass Ihr Hund keine Stücke davon verschlucken kann.

Zum Wohlbefinden des Hundes gehört regelmäßiger Kontakt zu Artgenossen.

Sie sind der wichtigste Sozialpartner Ihres Hundes.

Pflichten unserer Umwelt gegenüber

Natürlich haben wir unseren Hunden gegenüber nicht nur Pflichten. Als Hundehalter bewegen wir uns immer wieder im Blickpunkt der Öffentlichkeit und werden dort mit Menschen konfrontiert, die keinen Kontakt mit unserem Hund wünschen, wenn er auch noch so liebenswert und harmlos ist. Viele Menschen ängstigen sich auch vor Hunden. Diesen Menschen gegenüber haben wir uns so zu verhalten, dass sie sich durch unsere Hunde nicht belästigt fühlen.

Auch bei Verunreinigungen durch unsere Hunde durch Kot finde ich das Verhalten unserer Nachbarn in der Schweiz vorbildlich, für die es normal ist, immer kleine Plastiktüten mit sich zu führen, um den Kot gleich zu entfernen. Auf diese Art erspart man sich

Rücksichtnahme gegenüber Nichthundehaltern sollte für uns Hundehalter selbstverständlich sein.

eine Menge unnötigen Ärger und sorgt für ein positives Erscheinungsbild der Hundehalter in der Öffentlichkeit.
Eine Hundehaftpflicht ist für jeden Hundehalter selbstverständlich, denn auch der besterzogenste Hund kann einmal etwas kaputt machen.

Rechte

Weil uns Menschen die Rolle zufällt, regelmäßig überlebenswichtige Entscheidungen für unseren Hund zu treffen, was unser Recht als Führungspersönlichkeit ist, ist es wiederum unsere Pflicht, uns so sachkundig wie möglich über das Hundeverhalten kundig zu machen.

Auf unserer Homepage finden Sie unter »Gesetzestexte« u.a. wichtige Orientierungen, wo Sie Ihren Hund frei laufen lassen können und wo nicht.

Danke

Mein ganz besonderes Dankeschön geht an:

Johanna Esser, meine Co-Autorin und die Frau mit Fachverstand, Engelsgeduld und Freude am Schreiben.

Meine Eltern Maria und Günter Friedrich, die es mir ermöglicht haben, mein größtes Hobby zum Beruf zu machen und mir den Rücken dabei immer freigehalten haben.

Mein TEAM**CANIN**-Team: Franzi Baur, ohne die der gesamte Alltag nicht funktionieren würde, und ohne die das Hundezentrum TEAM**CANIN** nicht das wäre, was es ist. Außerdem danke ich Gaby Günther, meiner Presse- und Marketingfrau, die mich zu diesem Buch »gedrängelt« hat, damit sie nicht immer wieder fragen und selbst nicht mehr so viel schreiben muss, und der ich viele Kontakte verdanke, die meinen Weg maßgeblich bestimmt haben.

Jessica Ollrogge, ohne die TEAM**CANIN** nicht entstanden wäre und ohne die ich jetzt nicht im schönen Tanneneck in Löffingen zuhause wäre.

Rolf Schlipköter, der dieses Buch überhaupt erst möglich machte.

Claudia König, meine Lektorin mit Leidenschaft und Akribie.

Thomas Blank, der all die schönen Fotos realisiert hat.

Jutta Sagert und Gabi Oster, die mir immer wieder mit und auch ohne ihre Hunde hilfreich zur Seite stehen

Julius Sebõ und Anikõ Bakõs, Kai und Gina Nagel, Jens Lischke, Werner Sosalla, Peter Eilbert, Holger Brunsmann und Dirk Hungenberg – meine Partner, mit denen ich gemeinsam meine TEAM**CANIN**-Collection entwickele.

Dr. Simone Götz und Dr. Christine Kraft, meine Tierärztinnen, die immer für mich da sind, wenn ich sie brauche.

Heike und Marco Rieg, die mich in meiner Stuttgarter Zeit immer tatkräftig unterstützt haben und denen ich es zu verdanken habe, dass ich den ganzen Arbeitsaufwand meiner Schule bewältigen konnte.

Die Stadt Löffingen und den Verkehrsverein Löffingen-Dittishausen, die uns bei allen Fragen immer wieder gern mit Rat und Tat zur Seite stehen.

… und an alle unzähligen Hunde und Hundebesitzer, die mich in den letzten Jahren in einer unglaublichen Vielzahl begleitet haben und zu meinem Wissen brachten, von dem heute viele andere lernen können.

Stichwortverzeichnis

A

B

D

E

F

G

H

I

K

L

Zum Weiterlesen:

aktuelle Titel aus der Müller Rüschlikon Hundeschule

Ann-Sophie Griebel
Clicker-Training
Stuttgart, 2009

Petra Krivy / Angelika Lanzerath
So geht's nicht weiter
Unarten effektiv beheben
Stuttgart, 2009

Petra Krivy / Angelika Lanzerath
Was ein Welpe lernen muss
Stuttgart, 2009

Uta Reichenbach / Tanja Sinner
Agility
Stuttgart, 2008

Uta Reichenbach / Gabriele Lehari
Sinnvolle Beschäftigung
Stuttgart, 2008

Monika Schaal / Ursula Breuer
Komm zu mir!
Stuttgart, 2008

Monika Schaal / Ursula Breuer
Lockere Leine
Stuttgart, 2008

Beate Schwarz
Dummy-Training
Stuttgart, 2009

Christiane Wergowski
Alleine bleiben
Stuttgart, 2008

PARTNER-COLLECTION

TEAMCANIN®

COACHING FÜR MENSCH + HUND

Hundezentrum TEAMCANIN
Inh. Uwe Friedrich
An der Burg 1
D-79843 Löffingen
Tel.: +49 (0)7654 - 806 118
kontakt@teamcanin.com
www.teamcanin.com

JULIUS-K9
Brustgeschirre, Leinen und Ausbildungsprodukte

OWNEY OUTDOOR
Outdoorausstattung für den Hundehalter

R. BUBECK & SOHN GMBH
Gebackene Vollnahrung und Hundekuchen

SYMBIOPHARM GMBH
Probiotisches Ergänzungsfuttermittel für Hunde

HUND & SPORT HUNGENBERG
Naturnahes Nassfutter

VERLAG MÜLLER RÜSCHLIKON
Bücher & DVDs